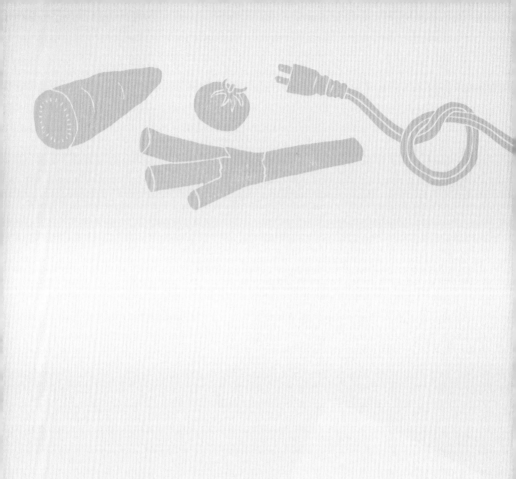

醃漬×風乾

40款延長食物風味的天然保存法

食べつなぐレシピ　漬ける、干す、蒸すで上手に使いきる

按田優子——著　顏理謙——譯

前言

大學畢業後，在我展開獨居生活並踏入職場以來，大約有二十年的時間，我的年收入只有日幣兩百萬元左右。但是在這段日子裡，我住在自己喜歡的屋子裡，並且自由地運用時間。我發現，如果想要開心過生活，比起想辦法增加收入，長遠來看，鍛鍊自己的料理技巧其實更適合我。

二〇一二年成立的「按田餃子」就是以我的料理方式為核心所推出的餐館。廚房裡的員工幾乎都沒有餐飲業經驗，而且我常常不在店裡。那麼，這家店為什麼能夠成功地營運呢？這是因為我們有一套「無論是誰都能做好」的標準作業程序。而支撐這套作業程序的基礎就是醃漬物和風乾物。

比方說，包餃子會用到的高麗菜絲如果剩太多，可以將它醃漬處理，另作使用。此外，店裡也常備風乾小菜，每次適量取用就好。只要以醃漬和風乾這兩種方式為核心來製作料理，「失誤」就不會變成「失敗」。以簡單易懂的組合方式和順序來料理，剩下的食材就做成別的菜色。

本書介紹的料理雖然一個人就能完成，但是您也可以和其他人合作，各自調味再一起完成。而如果您在書中看到了感興趣的食譜，也歡迎用自己習慣的方式，實際動手做做看喔！

我是「按田餃子」
的店長按田優子。
因為待在店裡，
不會每天煮飯。
每個月伙食費大約只有
日幣一萬元。

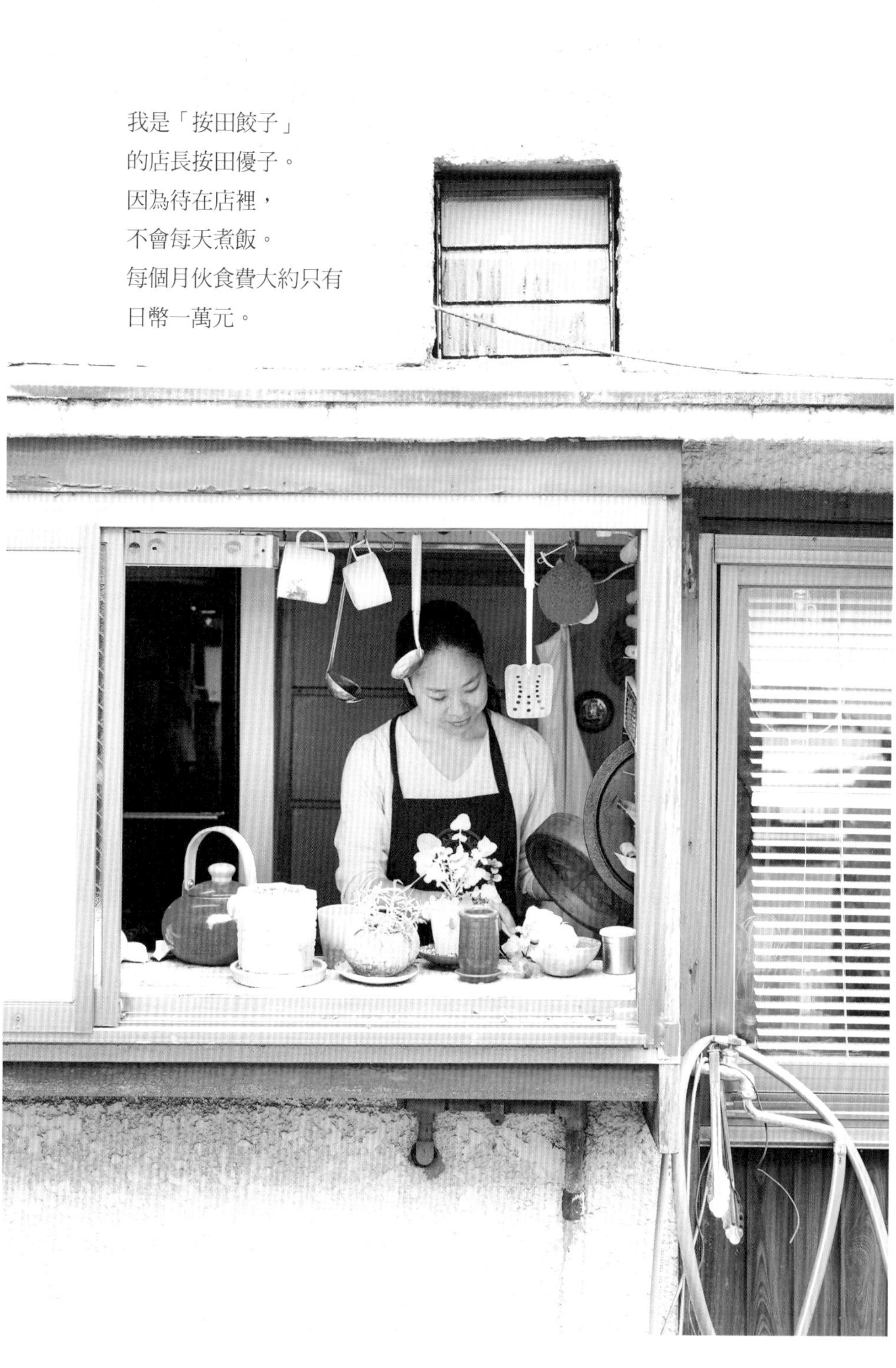

目次

第2章 延長食物風味的理由

第3章

延長食物風味的家常料理

［常備調味料］

一根白蘿蔔，可以怎麼運用呢？

從二十歲左右開始，白蘿蔔就時常出現在我所做的料理之中。一根白蘿蔔可以用來做味噌湯、燉煮物，就算每天使用，也可以吃上一個星期。假如是葉菜類，不僅價格差不多、一瞬間就吃完了，也沒辦法做出那麼多種變化。

年輕時，我總是為了壓低伙食費，想盡各種辦法將白蘿蔔用得淋漓盡致。不過，經過了二十年，我對於白蘿蔔的想法也改變了。

比起想盡各種方式吃掉它，我反而會思考如何以「一根白蘿蔔」為核心來展開我的料理，並且盡可能延長白蘿蔔的壽命。

誇張一點來說，如果將白蘿蔔當成手中的資源，我發現要思考的不是只「如何將它消耗殆盡」，而是如何運用這份資源，以創造更多新變化。這種作法，應該比只是想著如何消耗來得更聰明一些。

這麼一來，當手上有一條白蘿蔔時，我們就會更認真區它的葉子、皮、肉，並且妥善運用每一個部位。對我來說，這就是在延長白蘿蔔的賞味期限了。

假如想要將白蘿蔔的壽命延長一到兩週，可以添加2%的鹽巴，或將白蘿蔔浸泡在鹽水中，又或者運用醋來防腐也可以；假如想要將時間延長到一個月，也可以運用風乾手法處理。

如此算來，白蘿蔔就多了烹煮、醃漬（大約有三種醃漬法）、醋漬、風乾等各種保存方式。料理方式也因此更多變，不管是要做醃漬、燉煮、拌炒都行。

就算只有一根白蘿蔔，也可以持續在一個月之內慢慢食用。

「一個月？說實話也不需要吃這麼久吧？」你也許會這麼想。不過，在這段時間裡，你可以花幾個星期去旅行一趟，要是吃膩了也不要緊。也可以將它暫時擱在一旁。就在已經遺忘它的存在時，突然發現家裡有現成又好吃的醃漬物和風乾物，應該會是很棒的驚喜吧！從這種角度思考，是不是覺得沒那麼麻煩了呢？

當你抓到運用白蘿蔔的技巧之後，其他食材就可以比照處理。漸漸地，你的購物頻率會減低，在廚房做菜的時間也會變少。

醃漬物和風乾物可以稍微延長食材的壽命，並且讓你做起菜來更省時、省力。我將這個方法命名為「連續吃」。如果能妥善運用這套「連續吃」機制，也許你就會開始稍微喜歡，甚至是更加熱愛做菜這件事喔！

第1章 延長食物風味的法則

一根白蘿蔔，或是整顆大白菜，這類食材對你來說是否難以運用，下手採買時總是猶豫許久呢？之所以會猶豫，是因為你缺乏「完整運用食材」的自信吧。

我認為在食材還新鮮時，其實不用太過糾結如何完整使用喔！本篇將要介紹的「醃漬」和「風乾」處理法，就是為了協助你妥善使用食材，這兩種方式相當普遍並受到喜愛。只要做成醃漬物或風乾物，就能延長食材的壽命。

從另一個角度來說，家裡如果存有常備菜，生活也會更放心吧。而且，這些料理都不需要花太多心力準備喔！接下來將介紹我平常運用食材的方法和保存方式。

徹底運用食材的技巧

白蘿蔔

不管是白蘿蔔或是大白菜
我都是一次買下一整顆
再慢慢地用完
通常，我會將其中一部分
鹽醃或蒸熟
想吃的時候
馬上就能做成菜餚

白蘿蔔是家裡常會用到的食材，因此不需要擔心買了一整根會吃不完。有一道我非常喜愛的料理叫白蘿蔔燉豬肉鍋，這是以涮豬肉或鹽醃豬肉加上白蘿蔔燉煮而成的清爽鍋物。甚至可以說，我是為了這道料理才買白蘿蔔的。

另外，我也會將白蘿蔔削成泥使用。吃納豆時，我一定會加入白蘿蔔泥，吃烤魚、蕎麥麵、炸天婦羅、烤麻糬時也會加上白蘿蔔泥。吃生魚片或當令水果時，可以沾白蘿蔔泥加甘醋。這種吃法像是點心，又像下酒小菜，可以說是長得不太一樣的涼拌小菜。如果搭配甘夏蜜柑、柿子、洋梨、李子或李子乾一起吃，也非常美味。

除此之外，白蘿蔔可以作為味噌湯的食材，或是做成燉煮料理。而蘿蔔葉和梗，則可以做成醃漬物。一般使用白蘿蔔時會將皮削掉，如果將皮削得厚一點，可以做成金平蘿蔔，曬乾之後，還可以做成蘿蔔乾或是醃漬蘿蔔。

蘿蔔葉 → 做成醃漬物

將葉子連同蘿蔔前端部分一起切下，以鹽水醃漬（見 p.43）。醃漬完成後，可以直接取出食用，也可以切碎後拌入白飯，或作為拌麵的配料一起享用。

活用食譜

鹹豬肉鹽水醃漬拌麵 p.119
鮭魚佐鹽水醃漬物炊飯 p.120

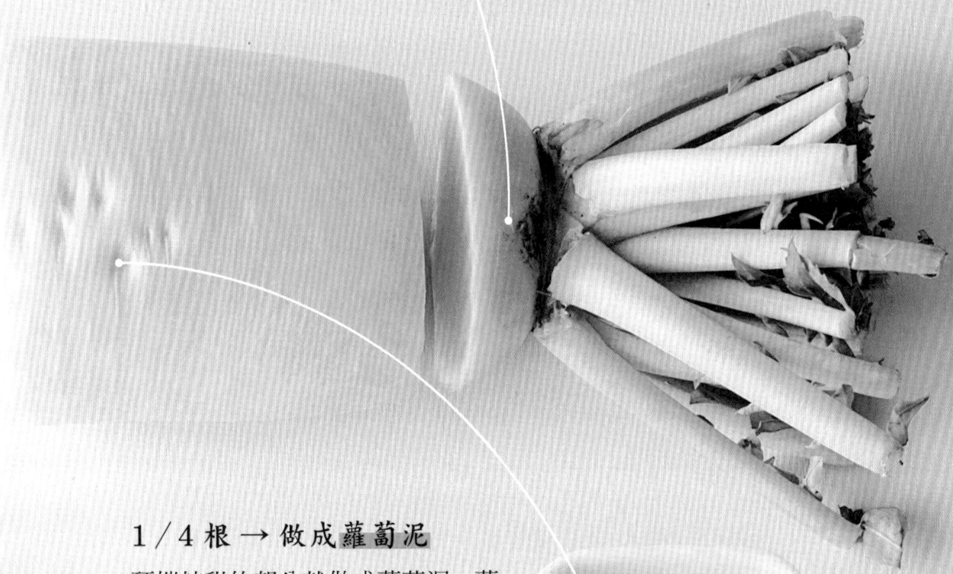

1/4 根 → 做成蘿蔔泥

頂端較甜的部分就做成蘿蔔泥。蘿蔔泥加入甘醋（p.164 的壽司醋）後，可以保存約一個星期。蘿蔔泥的湯汁可以作為醃漬物的前菜。

活用食譜

水果佐白蘿蔔泥甘醋涼拌 p.140

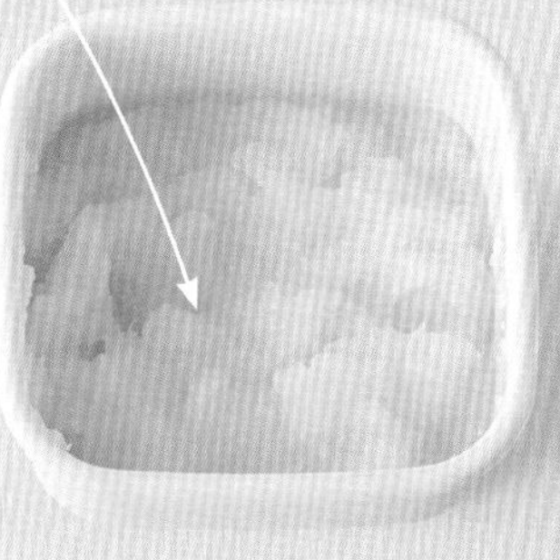

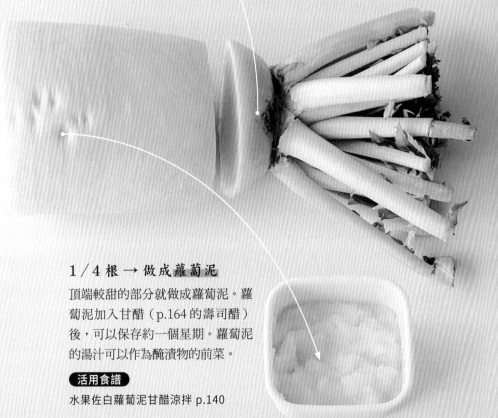

1/2 根 → 做成
火鍋、燉煮料理

白蘿蔔的中心味美，我多半會做成白蘿蔔燉豬肉鍋，或是做成燉煮料理、關東煮等風味單純的菜餚。

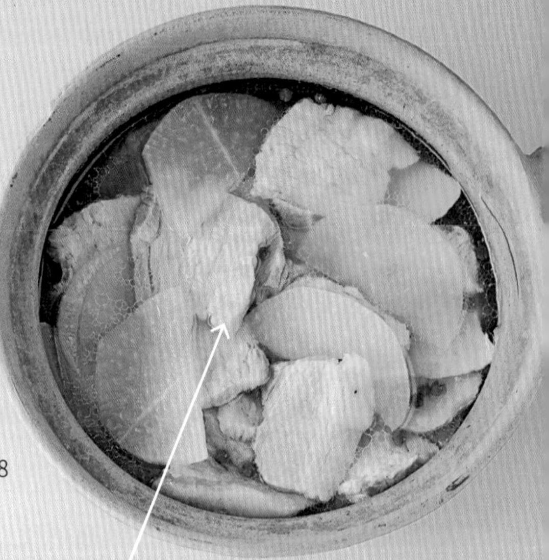

豬肉燉白蘿蔔
食譜請見 p.138

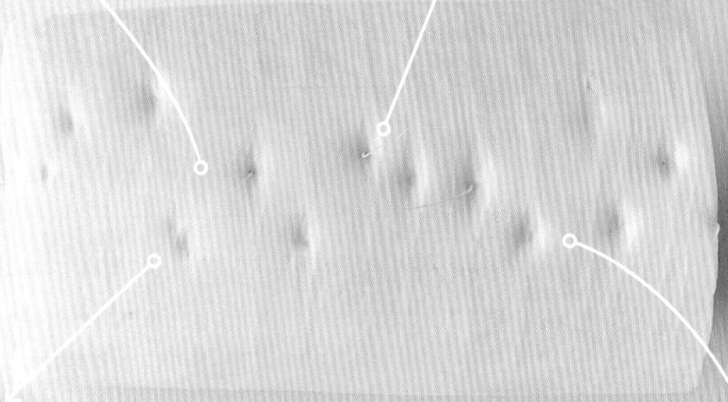

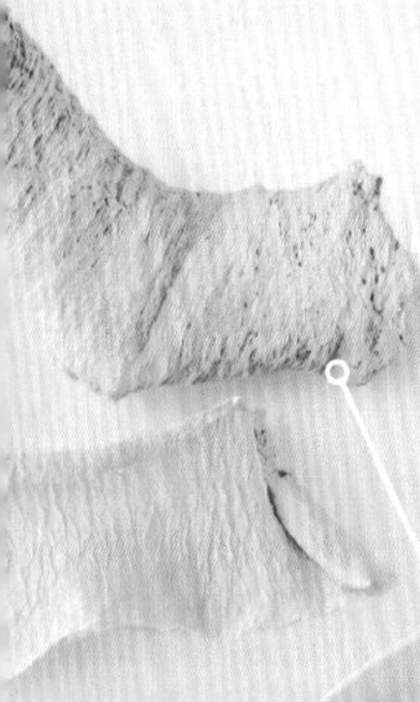

白蘿蔔皮 → 做成蘿蔔乾、金平蘿蔔

白蘿蔔皮厚削後，可與紅蘿蔔一起做成金平蘿蔔，或直接曬乾另做使用（請見 p.68）。蘿蔔乾可以和使用過的高湯昆布或是家中剩餘蔬菜等一起燉煮，充分利用多餘食材做成「善後料理」。

白蘿蔔皮紅蘿蔔炒金平
食譜請見 p.147

風乾白蘿蔔燉煮物
食譜請見 p.133

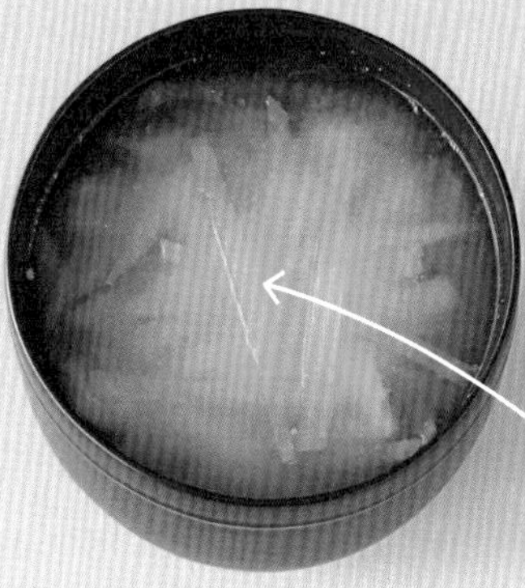

魷魚燉白蘿蔔
食譜請見 p.154

1/4 根 → 做成味噌湯

白蘿蔔連皮切成細長狀，並與豆皮一起快速煮過，做成味噌湯。

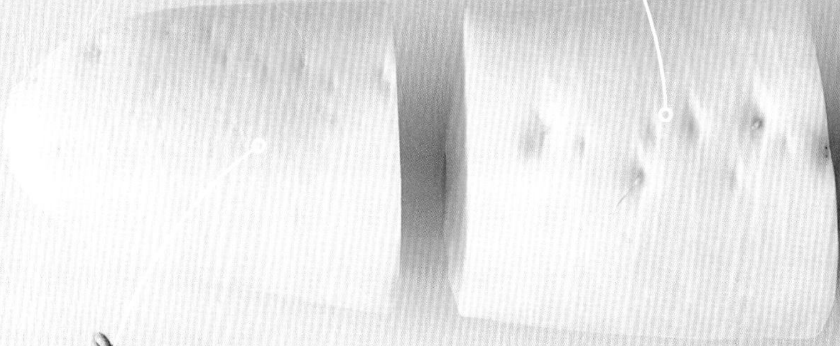

蘿蔔前端 → 做成醃漬物

與葉子部分相同，蘿蔔前端也可以做成醃漬物。

活用食譜

鹹豬肉佐醃漬蘿蔔拌麵 p.119
鮭魚佐鹽水醃漬物炊飯 p.120

1/2 顆 → 做成醃漬物

這是冬天家裡的常備醃漬物。作法跟鹽醃高麗菜（p.38）相同。做好後可以直接食用，也可以作成餃子的內餡，不需要另外抹鹽去水分。如果出現酸味，還可以做成中式的酸菜白肉鍋。

活用食譜

酸白菜乾舞菇水餃 p.112

大白菜

我很喜歡醃漬白菜，要是買了一整顆，就會把半顆做成醃漬物。而且比起用醃漬白菜搭配不同菜餚，我更常直接配飯吃掉。一次醃漬半顆，就會做出大量的醃漬白菜，但總是一下子就吃光了。如果醃得久一點，酸味會變得更重，用來做餃子內餡也會很好吃。冬天做醃白菜，夏天就做醃高麗菜，我會像這樣隨季節改變準備不同的醃漬物。

剩下的半顆白菜，我會拿來煮火鍋或是做成生菜沙拉。如果有吃剩的沙拉，還可以加入橄欖油和梅乾一起蒸煮。如果加入無花果乾或是葡萄乾，煮成酸酸甜甜的燉煮物或醃菜料理，又可以再放一週左右。

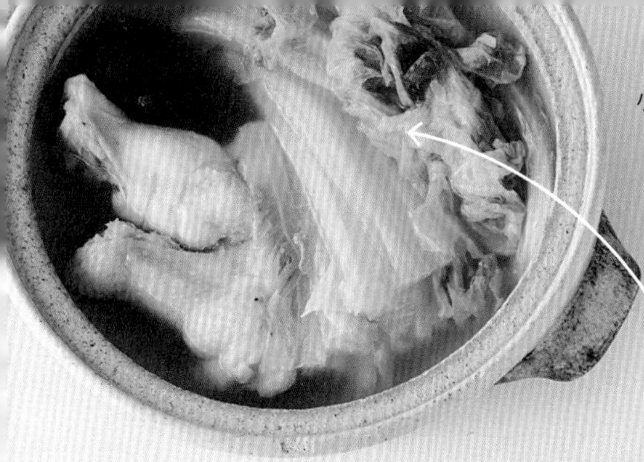

小雞腿白菜火鍋

1/4 顆 → 做成火鍋

白菜是什錦火鍋等冬季鍋物中不可或缺的食材。將小雞腿、白菜、乾香菇（p.62）等食材入鍋，以小火燉煮，再搭配柚子醋享用也非常美味。

1/4 顆 → 做成沙拉

非常推薦將剛買回家、還很新鮮的白菜做成沙拉享用。比方說，將切片蘋果和隨意切成小片的白菜拌在一起，再淋上橄欖油、加入少許鹽巴，就成了一道清爽簡單的沙拉。

白菜蘋果沙拉

1/2 顆 → 做成醃漬物

當你買了一顆高麗菜回家，可以把其中一半做成鹽味醃漬物（p.38）、香料醃漬物（p.41）或是甘醋醃漬物（p.42）。要是醃得比較久，也可以放入燉煮料理中，這樣會做出很棒的高湯喔。

活用食譜

甘醋醃高麗菜拌米沙拉 p.114
醃高麗菜燉蒸豆豬肉 p.118

高麗菜

處理高麗菜的方式跟大白菜相同，當我買了一顆高麗菜，會用半顆做成醃漬物。如果要直接享用，可以做成辣味醃漬物；假如要加在菜餚當中，就做成調味單純的鹽醃、甘醋醃漬，大多搭配其他生菜一起做成沙拉享用。鹽醃高麗菜可以作成餃子或火鍋裡的食材，也可以放入涼拌高麗菜等沙拉，或加入絞肉冬粉湯裡享用。假如醃得較久，可以用薑黃等咖哩風味的香料拌炒，做成辣味拌炒料理。如果再加入長蔥、紅蘿蔔、金針菇等食材一同拌炒，也會非常美味。

要蒸高麗菜時，只要將葉子切成瓣形再放入蒸籠即可。蒸好的高麗菜可以搭配肉類享用，配上鹽醃酸豆做成溫野菜沙拉也很不錯。

1/4 顆 → 切成細絲

炸物料理還是需要搭配高麗菜絲享用。如果有剩餘的高麗菜絲，可以和梅乾、果乾一起做成蒸煮料理，用紫色高麗菜製作也一樣美味！

1/4 顆 → 水蒸

蒸過的高麗菜無法保存太久，因此要吃的時候再蒸就好。只要加入燙過的豬肉片再次煮過，就可以作為招待客人的美味湯品。

高麗菜豬肉清湯

洋蔥

清冰箱蔬菜湯
食譜請見 p.141

3 顆 → 做成湯品

洋蔥不會是主角，而是切成丁狀、煮成湯品。其他剩下的蔬菜也切成丁狀，加入豆子一起用小火燉煮即可。

洋蔥的保鮮期本來就比較長，因此不需要急著用掉。此外，因為洋蔥不容易損傷，就算切了一半隨意放置，切面也會自然風乾，做菜時可以直接拿來使用。

我經常會拿洋蔥和剩餘的蔬菜一起燉煮，做成所謂的清冰箱湯品，湯品裡的食材則依照當下變換。醋醃洋蔥除了可以用於西班牙凍湯和西西里燉菜，醃漬醬汁還可以當作沙拉醬汁，搭配豆子或鮪魚等食材就相當適口。另外，切成薄片的洋蔥也能拌上醃泡過的紅蘿蔔，搖身一變現成的簡單沙拉，或當作炸天婦羅裡的配料，都很便利又美味。

1 顆 → 做成沙拉

將切成薄片的洋蔥過水，去除辛辣感，再和醃泡後的紅蘿蔔、果乾（p.137）或蒸豆一起做成沙拉。

活用食譜

醃紅蘿蔔佐洋蔥沙拉
食譜請見 p.137

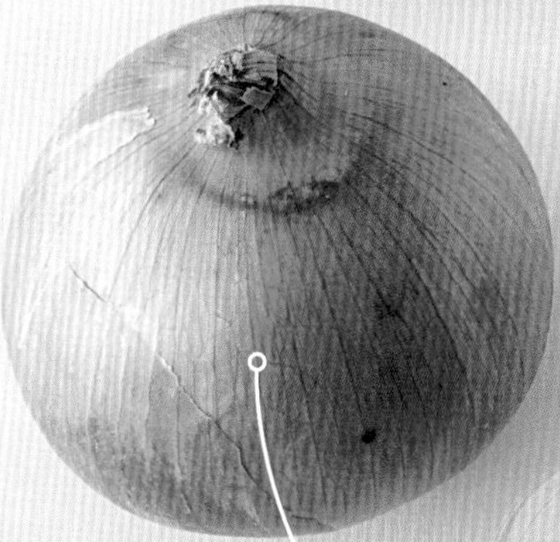

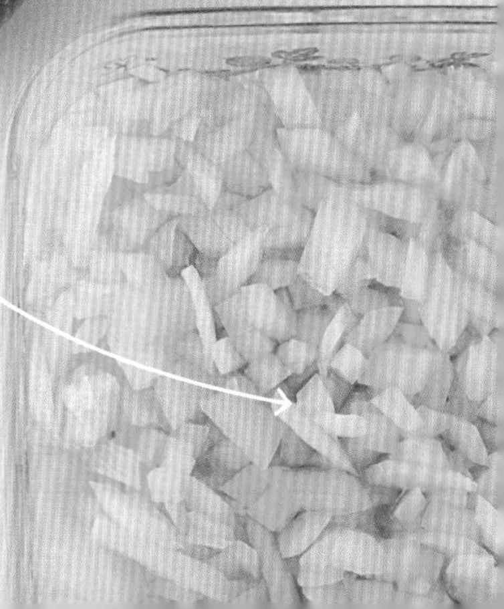

1 顆 → 做成醋醃物

將洋蔥切塊、醋醃而成，作法請見 p.143。放入甘醋醃高麗菜拌米沙拉（p.114）裡也很好吃。

活用食譜

西班牙凍湯 p.142
西西里燉菜 p.144

紅蘿蔔芝麻涼拌
食譜請見 p.146

3 根 → 蒸熟

不是為了延長保存期限才將紅蘿蔔蒸熟，而是經過加熱帶出紅蘿蔔的甜味。如果家裡常備蒸熟的紅蘿蔔，就可以馬上做出黑芝麻拌菜。

紅蘿蔔

煮熟後就變得甘甜的紅蘿蔔，是我相當喜歡的食材，因此大多蒸熟後做成金平蘿蔔，或者炸天婦羅（p.153）享用。蒸過的紅蘿蔔除了可以搭配肉品，拌上黑芝麻也會很好吃。製作金平蘿蔔時，可以拿紅蘿蔔跟白蘿蔔的皮一起拌炒。假如白蘿蔔皮夠多，紅蘿蔔只要切下兩到三片薄片映襯即可。紅蘿蔔可以保存很久，因此不用急著馬上用完。

我家一般都會常備酸甜風味的小菜，例如醃漬紅蘿蔔或醃漬長蔥（p.150）。醃泡紅蘿蔔可以直接食用，與其他食材一起搭配也很美味。

1 根 → 做成醃漬紅蘿蔔

在切成細絲的紅蘿蔔中，加入芒果乾，做成醃漬紅蘿蔔。果乾可以依個人喜好加入。作法請見 p.137。

活用食譜

醃漬紅蘿蔔佐洋蔥沙拉 p.137
風乾蝦佐紅蘿蔔泰式涼拌菜 p.136

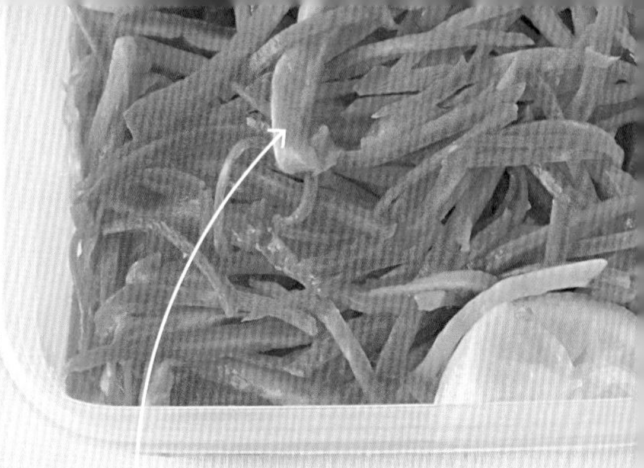

1 根 → 做成金平蘿蔔

根據白蘿蔔皮調整分量，將紅蘿蔔切成細絲，做成金平蘿蔔。不要一次做太大量，只要抓當次可食用完畢的分量即可。

白蘿蔔皮紅蘿蔔炒金平
食譜請見 p.147

長蔥

如果家裡有三根長蔥，我會將第二和第三根的蔥綠部分完整切下、蒸熟，做成醃漬長蔥。與其說是刻意做出這道料理，其實是不知道該拿蒸過的長蔥怎麼辦，乾脆跟醋味噌拌在一起試看

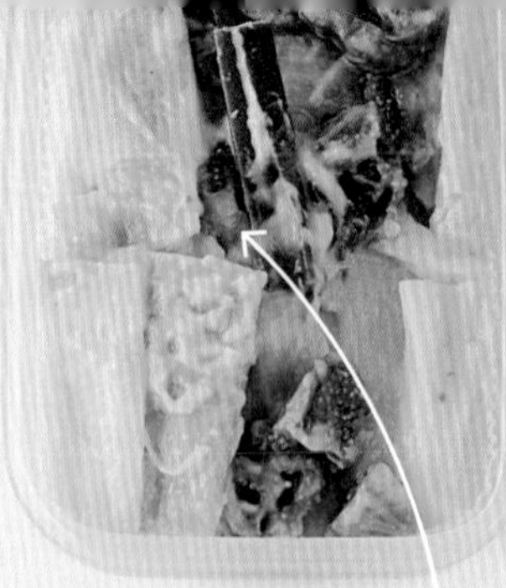

兩根＋蔥綠部分→做成醃漬長蔥

在蒸熟的長蔥中加入果乾、壽司醋和白味噌拌勻，蔥綠就會變得柔軟美味。作法請見 p.150。

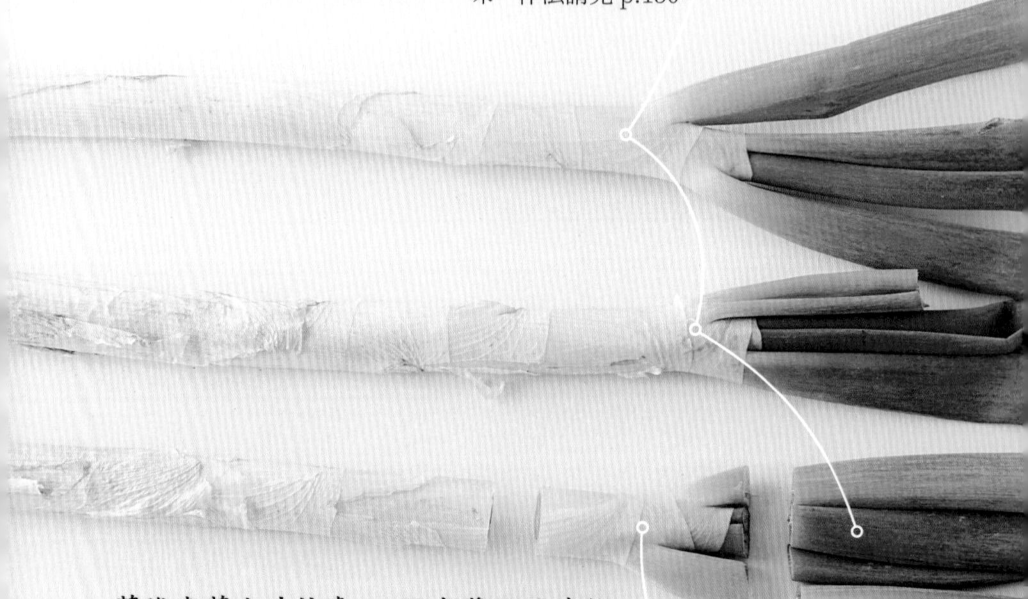

蔥綠與蔥白連接處→做成醬油醃漬物

連接處質地較硬，切成蔥花後加入薑末，再以略能蓋過食材的醬油醃漬。作法請見 p.116。可以作為餃子或是中式拌麵的沾醬使用。

活用食譜

紅蘿蔔乾香菇煎餃 p.116
鹹豬肉鹽水醃漬拌麵 p.119

看。在醃漬長蔥裡，如果加入無花果乾等乾燥水果，果乾會變回恰到好處的狀態，也會散發甜味。

長蔥也能大量放入壽喜燒燉煮物、湯品裡面，或是切成蔥絲搭配使用。蔥綠與蔥白連接處可以切段做成醬油醃漬物，作成調味醬油使用。偶爾買到帶根的長蔥時，將根部切下，炸成天婦羅也非常好吃喔！

魷魚腳蔬菜炸天婦羅
食譜請見 p.153

根部 → 做成炸天婦羅

將長蔥的根部做成炸天婦羅，可以享受到酥脆的口感。也可以加入魷魚腳或紅蘿蔔等自己喜歡的食材一同享用。

蔥白部分（一根）→ 做成湯品

在豬肉清湯中加入斜切的長蔥燉煮，以醬油調味後，就會變成和炒飯很搭的湯品。

中式豬肉與長蔥清湯

山藥

山藥不管是磨成泥或煮熟享用都很好吃，對我來說就像主食和白飯一樣重要。我常將帶皮山藥蒸熟，搭配煎熟的鹹豬肉或燉肉。也可以連皮磨成山藥泥，再加入雞蛋和日式醬油，攪拌後淋上白飯。

蒸過的山藥可以用在加熱後馬上就可以享用的料理中，例如和鹹豬肉一起加入味噌湯，紅豆湯裡加入山藥、芋頭和地瓜等也會很好吃喔！

1/2根 → 蒸熟

蒸過的山藥保存期限意外地久，使用上非常方便。可以搭配煎得香脆的鹹豬肉或是燉煮肉類享用。

活用食譜

煎鹹豬肉佐蒸蔬菜 p.124
山藥、芋頭、地瓜紅豆湯 p.148

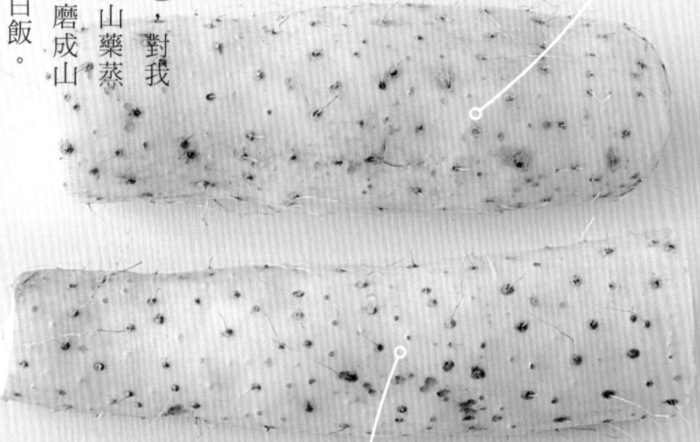

1/2根 → 做成山藥泥

以研磨缽磨碎山藥，加入自製日式醬油（p.165）和雞蛋攪拌。雞蛋可以整顆加入，不用在意山藥泥的分量。

4顆 → 做成番茄醬

番茄對切一半，剖面朝向鍋底置放，再撒上微量的鹽巴。蓋上鍋蓋後開火。等到番茄皮自然脫落時，用手撥下。再以木質炒菜鏟等道具將番茄剁碎，煮至喜歡的濃度。番茄數量可以依照個人喜好，放一顆或兩顆都可以。

活用食譜

西西里燉菜 p.144
番茄醬煮鮭魚 p.145

番茄

做菜需要用到番茄醬時，如果購買市售蕃茄罐頭，通常沒辦法一次用完，要另外放到保存容器裡也很麻煩。因此我通常不使用蕃茄罐頭，而是在番茄價格便宜時採買，自己製作番茄醬。

番茄醬的材料只有番茄和鹽巴而已。將番茄的蒂頭取下，切成一半，剖面朝向鍋底排列。灑上鹽巴、蓋上鍋蓋。開火後，受熱的番茄皮就會脫落，不需要經過熱水汆燙脫皮。繼續燉煮，番茄醬就完成了。製作好的番茄醬可以放到保鮮袋，鋪得薄薄一層再放到冷凍庫。需要使用時，只要剝下適當分量就可以了，非常方便。

column

將食材通通放入蒸籠一次蒸煮完成

在中華炒鍋裡倒入熱水，
安上蒸籠蒸煮，
對我來說就是再日常不過的廚房景致。
想要蒸某一項食材時，
順便把這些、那些也一起放入蒸熟，
就是我運用蒸籠的方式。

許多人以為使用蒸籠很花時間、很麻煩。不過對我來說，蒸熟卻是最輕鬆的料理方式，兩三天就想要蒸一點什麼。特別是五穀雜糧或豆類，比起煮燙，蒸過的口感更好。如果只要少量使用，我非常推薦使用蒸籠來蒸。蒸籠最大的優點就是不需要在意時間，食材會在蒸籠裡慢慢蒸熟，就算丟著不管也不會過熟，不用在意「要煮幾分鐘」、不被時間束縛，實在非常方便。

蒸籠裡除了放五穀雜糧等穀物或豆類，我也會放入芋頭、山藥等根莖類，或是長蔥和高麗菜。比方說要蒸豆類時，我就會想，乾脆把芋頭也蒸一蒸吧！既然如此，今天晚餐要用的高麗菜也放進去好了，家裡正好有燉豬肉，可以一起做成湯品呢！差不多就是這樣的狀態。此外若有朋友來訪，如果正好有人帶了牛排等肉品，就可以用蒸熟的蔬菜來點綴。對我來說，蒸蔬菜就像是白飯一樣的存在，當你準備享用調味過的肉品或魚類時，蒸蔬菜就會成為菜餚中的重要配角。

把穀物、
豆類、蔬菜等
全部放入蒸籠
就不用再操心了

將放在篩子裡的穀物（稍微攪拌一下）、以水浸泡過的白菜豆、做醃漬物（p.150）用的長蔥、切成扇形的高麗菜、帶皮山藥和家裡剩餘的紅蘿蔔等通通放入蒸籠。穀物可以做成米沙拉（p.114），豆類多半用在豬肉燉高麗菜（p.118）裡。

豬五花肉

我通常把用豬五花做成鹹豬肉（p.51），但如果想要使用燉煮豬肉的湯汁或是有客人要來家裡時，就會來做燉豬肉。和鹹豬肉相比，燉豬肉比較不能保存太久，因此不太會在夏天製作。我會挑選五百公克左右的大塊豬五花肉，加入較多鹽巴燉煮。鹽分高時，保鮮效果會比較好，水分也比較少，燉肉的湯汁會收得更好。

燉豬肉湯很鮮美，可以放入白蘿蔔或是乾香菇一起燉煮。豬五花肉經過燉煮之後，會變得熱呼呼又軟嫩，如果加入味噌和砂糖，馬上就變成日式燉肉；也可以加入蔬菜和咖哩粉燉煮，一道豬肉咖哩就瞬間完成了。

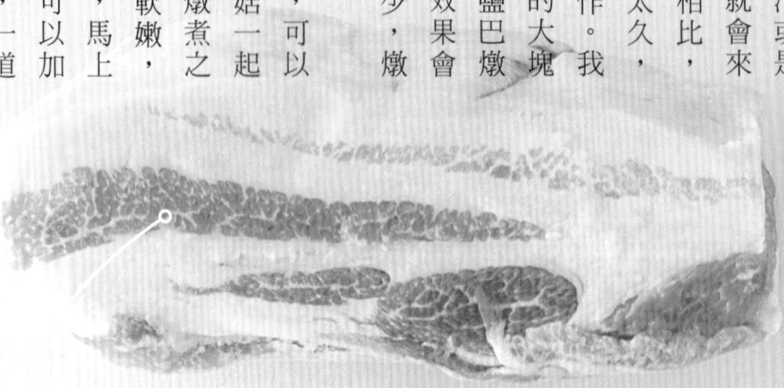

五百公克的豬五花肉 → 做成燉豬肉

將五百公克左右的豬肉放入一公升的水中，加入鹽巴後開火，鹽巴的分量是水和肉總和的 2%。水煮開後，轉成小火，慢慢燉煮約一小時。每當水分變少時，就再加入清水，讓豬肉浸在湯汁裡。豬肉連著湯汁一起放入保鮮盒，以冰箱冷藏，大約可以保存一個星期。

乾舞菇清湯

燉煮湯汁 → 做成湯品或湯麵

湯汁鹹度較高，因此加入約一倍的清水稀釋。可以直接放入乾舞菇，加熱直到舞菇變軟，就成了充滿舞菇香味的高湯。也可以用來製作湯麵。

豬肉燉白蘿蔔
食譜見 p.138

燉煮湯汁和五花肉 → 做成鍋物

我非常喜歡的鍋類料理（p.14），經常在朋友來家裡時煮一大鍋享用。燉煮豬肉時如果加入昆布，就可以做成滋味豐富的湯汁。

豬肉 → 做成日式燉肉

經過燉煮的豬肉非常軟爛入味，只要加入調味料，馬上就是一道入口即化的日式燉肉。我推薦的吃法是先依個人喜好切下適量豬肉，拌入味噌，等到要享用時再撒上黑砂糖。

味噌豬肉角煮
食譜見 p.151

新卷鮭

幾年前，一位朋友帶來了新卷鮭作為伴手禮。從那時候開始，我就著迷於新卷鮭在料理中的變化，並從中獲得許多樂趣，此後也每年都會預購新卷鮭。過去人們會將新卷鮭垂吊在屋簷下，等過完一個冬天再食用。但近年來，由於製作新卷鮭的鹽分已經減量，而且依照居住地和環境條件不同，保存期限也不一定，因此大多建議以冰箱冷藏或冷凍保存。

許多人會認為，要吃完一整條新卷鮭有點困難，但其實從魚頭到魚尾吃得乾乾淨淨並不難。家裡只要有一條新卷鮭，做任何料理都非常方便。這不僅能減少採購食材的頻率，也能當作伴手禮送給朋友，對方也會很開心。一次將魚肉片下、切分會比較辛苦，建議你可以等到要使用時，再切下適量魚片會更方便喔！

鮭魚拌酸奶油
食譜見 p.155

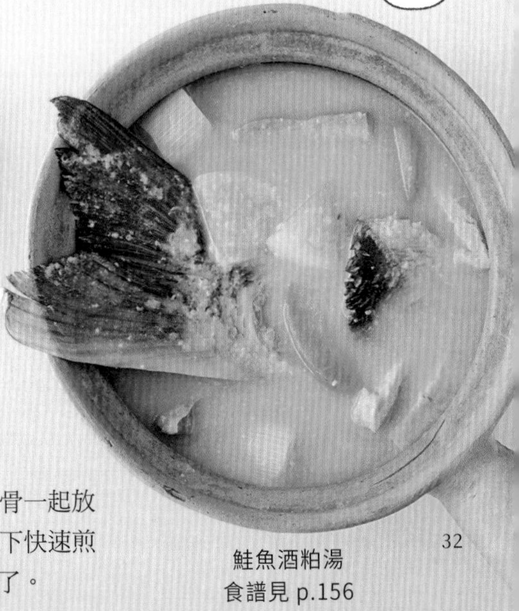

鮭魚酒粕湯
食譜見 p.156

魚尾 → 做成酒粕湯、醃漬物

魚骨可以煮出高湯，因此可以將魚尾連骨一起放入酒粕湯中。尾端的肉較少，將魚肉取下快速煎過，再拌入酸奶油，就成為一道下酒菜了。

番茄醬煮鮭魚
食譜見 p.145

鮭魚佐鹽水醃漬物炊飯
食譜見 p.120

魚肚 → 做成煎鮭魚、煮物和炊飯

魚肚部分肉量豐厚，首先可以做成煎鮭魚，搭配白飯一起享用。剩餘部分可以拌在醋飯裡，做成散壽司。和白飯一起做成鮭魚炊飯也很不錯。假如以番茄醬（p.27）燉煮，就能做成西式小菜喔！

鮭魚酒粕醃漬
食譜見 p.158

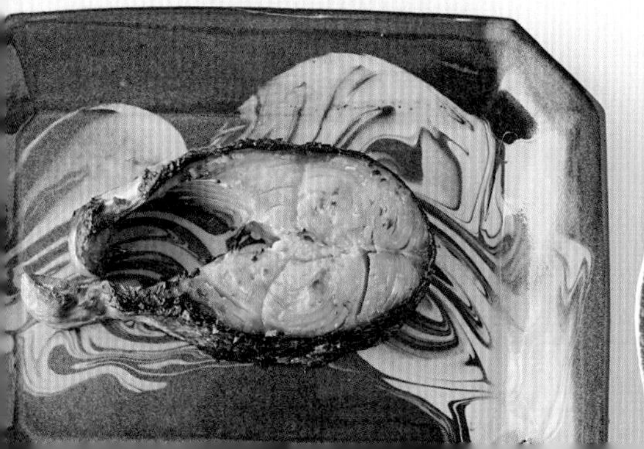

鮭魚散壽司
食譜見 p.160

新卷鮭的保存方法請參照說明書。要料理時，再以鋒利的菜刀切下適量帶骨魚肉即可。

秘魯風味魚湯
食譜見 p.162

魚頭 → 做成燉煮料理

一般來說，醋拌冰頭是以鮭魚鼻尖軟骨（冰頭）和白蘿蔔一起醋醃而成，但我介紹的是將整個鮭魚頭和白蘿蔔一起燉煮，直到骨頭變得軟爛的做法。秘魯風味魚湯則是以鯰魚頭燉煮而成的秘魯料理，我在日本想重現這道料理時，就用新卷鮭魚頭替代。

醋拌冰頭
食譜見 p.159

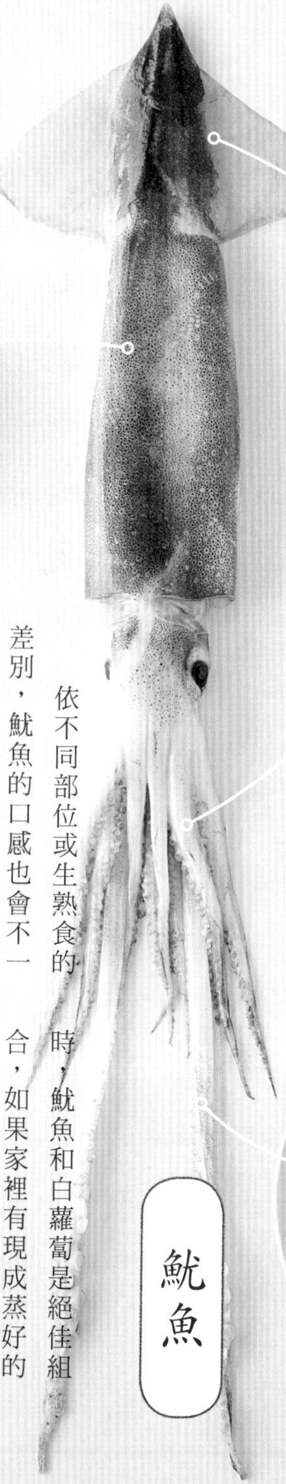

內臟和身體 → 做成鹽辛小菜

只要有魷魚和鹽巴就可以製作，特別推薦給想嘗試看看手作料理的人。以鹽巴醃漬內臟，再拌入魷魚肉即可。

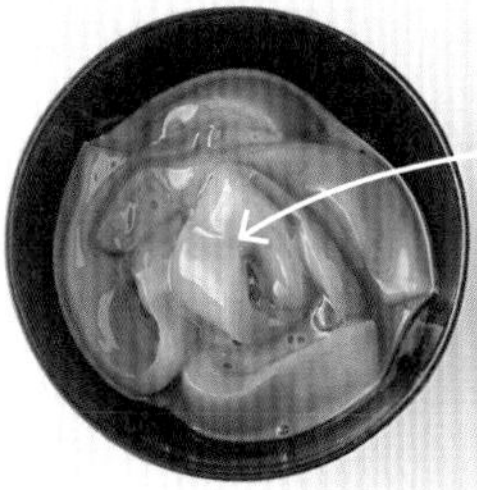

魷魚鹽辛
食譜見 p.152

魷魚腳、魚鰭 → 做成燉煮料理

魷魚肉已經做成鹽辛，剩下的部位就做成燉煮料理。假如不做鹽辛，當然也可以使用魷魚肉製作。

魷魚燉白蘿蔔
食譜見 p.154

依不同部位或生熟食的差別，魷魚的口感也會不一樣，可以嘗試各式各樣的料理手法。如果看到品質好的魷魚，我就會買一隻回家，將魷魚的身體和內臟部位做成鹽辛小菜。剩下的魷魚腳和魚鰭會以燉煮方式處理，或是做成炸天婦羅。燉煮時，魷魚和白蘿蔔是絕佳組合，如果家裡有現成蒸好的芋頭也可以會加入一些。只要使用自製的日式醬油，快速烹煮一下就完成了。做炸天婦羅時，不需要比照一般做炸物時裹上麵粉，只要在碗中放入魷魚、小麥粉和水稍微攪拌即可，非常方便。

魷魚腳 → 做成炸天婦羅

炸魷魚腳非常可口，你可以搭配家中剩餘的蔬菜，一起做成炸天婦羅。加入蒸過的白菜豆也很不錯。

魷魚

魷魚腳蔬菜炸天婦羅
食譜見 p.153

蔬菜要以2%鹽巴醃漬

以鹽巴醃漬蔬菜，不僅可以延長蔬菜的壽命，還可以讓蔬菜搖身一變，成為另一種美味食材。只要冰箱裡有醃漬蔬菜，就會讓人安心。醃漬之後，蔬菜也會顯現鮮甜風味，讓你的料理方式變得更多元。

如果買了一整顆高麗菜或白菜，我會把一半會拿來用鹽巴醃漬。鹽醃是以鹽巴破壞蔬菜的細胞膜，增加乳酸菌以讓蔬菜發酵。只要在蔬菜上灑鹽巴置於常溫，蔬菜自然就會出現酸味。鹽醃蔬菜可以存放一週到十天，冬天可以放置兩週左右。當酸味變得太重時，可以將蔬菜移到冰箱中，減緩發酵。

到目前為止，我試過非常多種鹽分濃度，最後發現如果要保存蔬菜，最少需要2%鹽巴。比方說，醃漬野澤菜的鹽分大約是4%，但這是為了要讓它放置一個冬季，才會把鹽分拉到這麼高。以一般家庭來說，如果不會存放太久，2%會是剛剛好的濃度。

那麼簡單來說，2%鹽分大約是多少呢？若是可以直接飲用的高湯，鹽分濃度大概比1%再少一些，因此2%大概就是高湯的一倍。因此享用時只要加入一倍的新鮮蔬菜或是以水稀釋，就能將醃漬蔬菜調成1%左右、剛剛好的鹹味了。

如果有七百五十公克的高麗菜，
就需要用十五公克的鹽巴醃製。

鹽醃高麗菜

若想嘗試鹽醃物，首先可以從基本款的鹽醃高麗菜開始。一次買下一整顆高麗菜，感覺可能會用不完時，只要將半顆高麗菜鹽醃處理，就會變化出許多運用方式，非常方便。

活用食譜

醃高麗菜燉蒸豆豬肉 p.118

高麗菜、大白菜等葉菜類非常適合鹽醃。雖然一次買一整顆比較便宜，不過分量有時容易過多。這種時候，建議可以試試看將高麗菜鹽醃處理。鹽醃漬物味道簡單美味，可以直接食用，當然也可以運用在各式料理中。

過去人們在製作醃漬物時會使用重石，不過現在我們可以使用夾鏈袋。之所以使用重石，是為了製造密閉空間，但有了保鮮袋之後，就不需要它的協助了。擠出空氣、封上袋口，等到蔬菜的水分慢慢釋出、葉菜變軟之後，再擠壓一下袋子，又可以排出剩餘空氣。當水分釋出後，由於水可以隔絕空氣，因此也不需要擔心醃菜發霉。只要放置於常溫中，等到出現酸味就可以享用了。

鹽醃物只需要抹上鹽巴，剩下的就通通交給發酵。不僅方便省力，食材透過時間醞釀，自然而然變得美味這一點也讓我特別喜歡。

作法

1. 切段

將半顆高麗菜切成八等份的瓣形。切法可依照個人喜好，也可以大致切段後醃漬。

2. 加入鹽巴

確認放入保鮮袋中的高麗菜量，以高麗菜量為準，抓 2% 鹽巴。將高麗菜和鹽巴放入袋中。

3. 抹鹽

輕輕搖晃袋子，讓鹽巴均勻佈滿高麗菜。當水分釋出、菜葉變軟後，再次擠出空氣、密封袋口。

4. 放入白飯

放入白飯可以加快發酵速度。如果想讓高麗菜發酵得更快，可以將家裡剩餘的白飯一起醃漬。搭配醋醃魚也很適合。

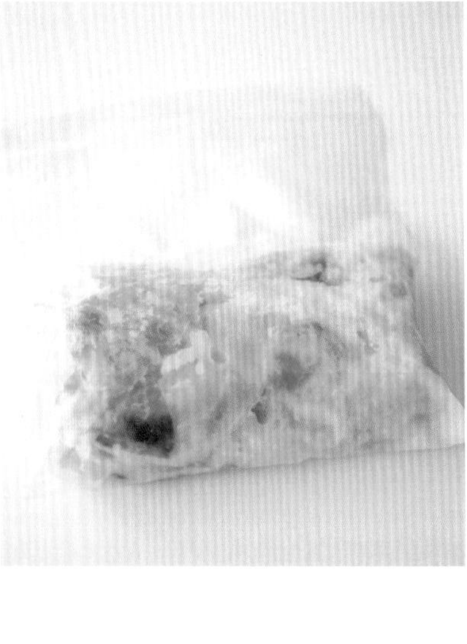

注意事項 如果在取出醃漬物時讓細菌跑入袋中，會使鹽醃高麗菜容易腐敗，因此切記不要用手觸碰。少量使用時可以用筷子夾取，再以廚房用剪刀剪下，取出適量即可。當發酵持續進行，高麗菜會散發出一股像是醃了很久的味道，但是只要拌炒過後，就會轉變成甜味了。

各式變化

香料醃漬

在高麗菜中放入鹽巴、葡萄乾和孜然即可完成。作為沙拉享用，或是直接食用都可以。

在 1/8 顆高麗菜中加入 2% 鹽巴，並依個人喜好加入適量的葡萄乾和孜然，以 p.39 介紹的方式醃漬。

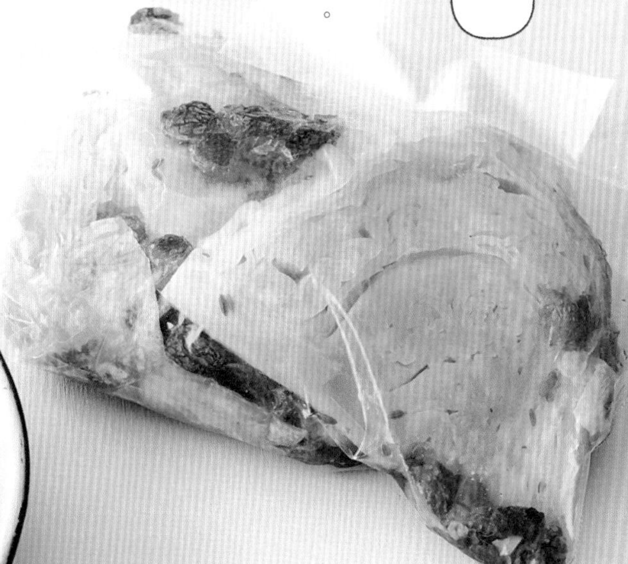

製作鹽醃高麗菜時，只要放入葡萄乾和孜然，就可以做出香料醃高麗菜。味道單純的鹽醃高麗菜可以用在燉煮料理或沙拉中，做為料理的配料，香料醃高麗菜則是可以單獨享用。我非常喜歡香料醃漬高麗菜，大概可以一口氣吃掉四分之一顆。放入葡萄乾可以加速發酵，因此很快就能製作完成，而且葡萄乾的甜味也會替高麗菜增色不少。此外，孜然的香味也會讓平凡的鹽醃高麗菜增添異國風情。

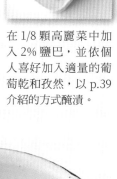

甘醋醃漬

在鹽醃高麗菜中加入甘醋會減緩發酵速度，形成一道口味清爽、帶有酸味的醃漬物。

甘醋醃高麗菜是趁高麗菜鹽醃尚未完成時，加入甘醋以帶出酸味。不僅可以直接食用，甘醋還能減緩發酵，就算略放一陣子，高麗菜也不會出現醃太久的味道。要是再繼續醃漬，甘醋會完全滲入高麗菜芯，呈現出類似醃酸黃瓜的風味。這時候只要在鹽醃高麗菜裡，加入調配好的砂糖和醋就可以了。如果撒上檸檬皮碎片，也很適合搭配白酒享用喔！

活用食譜

甘醋醃高麗菜拌米沙拉 p.114

以 p.39 方式製作鹽醃高麗菜。取 1/8 顆高麗菜，再加上 5% 砂糖和 10% 醋即可。建議先將砂糖倒入醋中，均勻融化之後再加入。

鹽水醃漬

在「按田餃子」的料理中，我們也會運用到鹽水醃漬物，可說是一道不可或缺的常備菜餚。

雖然是把蔬菜要丟棄的部分拿來醃漬，但是這種做法對於日常料理來說非常方便，歡迎你也試著培養品質優秀的漬床喔！

鹽水醃漬廣泛運用了無法入菜的蔬菜蒂頭和外皮，是一種神奇的醃漬方式。透過這道工序，無用的蔬菜將搖身一變，獲得新生。由於鹽水醃漬的鹽分濃度高達４％，因此不論是什麼季節，都可以放置在常溫中。醃漬物吃光之後，只要再添補食材和鹽巴，就可以不斷運用。

活用食譜

鹹豬肉鹽水醃漬拌麵 p.119
鮭魚佐鹽水醃漬物炊飯 p.120

一開始，你可以用白蘿蔔泥的汁液做為發酵啟動（starter），接著在醃漬罐中加入8%的鹽巴、白蘿蔔或紅蘿蔔尾端等食材，食材分量和汁液差不多就行。這樣一來，就會做出鹽分約4%的醃漬物。不過，最初醃漬出來的蔬菜，嘗起來就是一般過鹹的蔬菜，並不好吃。需要重複做幾次之後，罐內的乳酸菌才會增加，漬床也會熟成。

鹽水醃漬會出現一股像是醃了很久的酸味，切碎之後，可以做為佐料，比方說搭配白飯或麵類享用。家裡如果常備一罐鹽水醃漬，做菜時會非常便利。因為食材醃漬於液體中，不會增生細菌，就這樣丟在一旁不理也沒關係。

作法

1. 測量白蘿蔔汁液

在可密封罐中，倒入約一半的白蘿蔔汁液，並且測量重量。使用一般的開水也沒關係，但是白蘿蔔酵素可以更促進發酵。

2. 加入鹽巴

以白蘿蔔汁液為基準，取 8% 的鹽巴，倒入罐中。

3. 放入蔬菜剩餘部位

將白蘿蔔或紅蘿蔔的蒂頭、葉子、尾端、外皮等切成適當的大小，放入罐中。也可以放青花菜或花椰菜的葉子。

4. 發酵完成之後

密封後放置 3 天，就會發酵了。打開蓋子時，如果看到綿密的泡泡就代表正在發酵。

注意事項 因為蔬菜會出水，想要在罐中添加新的蔬菜時，可以在醃漬二至三次之後，視情況加入鹽巴（吃下醃漬物時，覺得不夠鹹再加就行）。優良的漬床需要花時間培養，但只要完成了，就算鹽度稍微變低也不會腐敗。

水泡菜

水泡菜是韓國的國民美食。一般做法是將各式各樣的食材放入醃漬醬料中，在此將以最基礎的食譜介紹水泡菜的製作原理。

水泡菜是以水將鹽度2%的醃漬物稀釋為1%。因為鹽度低，所以保存期限不長，建議可以少量製作、儘速吃完。夏季時，如果把抹過鹽巴的白蘿蔔浸入水中，放在廚房，隔天早上就會出現些許酸味。水泡菜大約就是這樣的鹽度。因此，我通常會以湯碗製作水泡菜，再蓋上蓋子靜置。製作完成後就直接以湯碗享用。

發酵是透過鹽巴破壞細胞膜而成，為了要破壞細胞膜，最少需要2％鹽巴。一旦破壞了，只要再加入清水，就會持續產生酸味，因此可以在短時間內做好酸泡菜。你可以放入辣椒或生薑，也可以用洗米水醃漬。水泡菜會依照不同材料出現不同風味，你只需要挑選自己喜歡的食材即可。但最重要的是，記得要將抹過鹽巴的蔬菜浸入水中。1％的鹽分對一般人來說是剛剛好的濃度，因此可以做為涼拌沙拉，直接享用。

作法

1. 切菜

將白蘿蔔或紅蘿蔔切成 1/4 圓型薄片。

2. 加入鹽巴

蔬菜放入湯碗中，測量重量。接著加入 2% 鹽巴。

3. 輕揉蔬菜

輕揉碗中蔬菜，讓鹽巴均勻抹在每一片蔬菜上。當蔬菜變軟、出水後，將水倒掉。

4. 加入開水

加入與蔬菜同量的水，放置在常溫中。等到出現酸味就完成了。

肉品要以5%鹽分醃漬

這裡介紹的醃漬肉品，如果醃完直接食用，會非常鹹喔！鹽醃主要是為了延長肉類的保存期限，建議每次只要取需要的分量、少量使用就好。

這裡分享的鹹豬肉並不適合直接煎來吃。假如你想要做香煎雞腿、牛排等菜餚，使用當天購買的肉品絕對會更好吃。豬肉的油脂豐美，特別是豬五花肉又更油一些，因此沒辦法一次吃太多。

鹽醃肉類是為了「以防萬一」常備在家中的食材，因此比較適合少量使用，就像培根或火腿一樣。此外，醃漬肉品和新鮮肉品還是不一樣，就算家裡已經有鹹豬肉，但如果需要用新鮮肉品，我也會特別去採買。

與醃漬蔬菜相同，5%鹽分這個數值是我多番嘗試後得到的結果。因為需要不斷從保鮮袋裡取出醃漬肉品使用，5%鹽分濃度才能讓肉品保鮮，不至於腐壞。為了不要讓細菌跑進去，每次取用時，只要留意雙手不接觸到肉品，鹽醃肉至少可以在冰箱保存兩個星期。

如同p.36所提，對一般人來說，吃起來最美味的鹹度是1%鹽分，因此，只要把鹽醃肉和分量五倍的蔬菜一起拌炒，就可以達到剛剛好的鹹度。

如果豬肉有三百四十公克，
就需要十七公克的鹽巴。

鹽醃豬五花

豬肉特別適合以鹽醃漬。當然也可以選用里肌肉，不過我最推薦的是豬五花。肥肉部分還可以作為豬油使用喔！

我總是將油脂豐厚的豬五花做成鹹豬肉，常備在冰箱裡。以肉為基準，量出5%的鹽巴，均勻抹在表面上，並且盡量不讓肉接觸到空氣。將抹鹽的豬肉放置冰箱一陣子後，便會出水，這時記得要以廚房紙巾擦拭乾

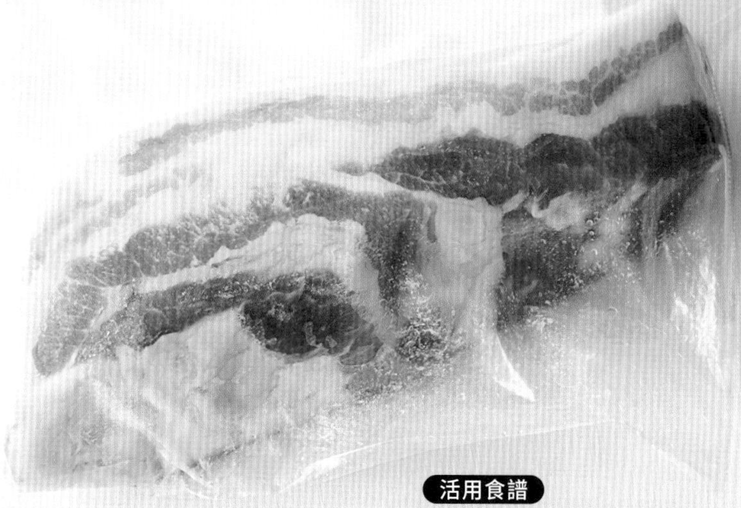

活用食譜

鹹豬肉鹽水醃漬拌麵 p.119
煎鹹豬肉佐蒸蔬菜 p.124
羊栖菜炒鹹豬肉 p.125
風乾干貝佐鹹豬肉炊飯 p.126
乾櫛瓜炒鹹豬肉義大利麵 p.128

淨。這個步驟很重要，因為水分會影響醃肉的品質。

醃製完成後，將豬肉切成薄片，再以煎鍋煎至香脆就非常美味。但由於豬肉鹽分高，也可以搭配大量蒸高麗菜、山藥等蔬菜一起享用。肥肉部分可以做為豬油使用，製作義大利麵時，只要切下一小塊加熱，肥肉就會融化成為油脂，不需要另外使用橄欖油。調味也只需要靠鹹豬肉和煮麵水就可以了。鹹豬肉加到燉煮料理或湯品裡也會很美味，如果加入味噌湯，就成了豬肉味噌湯。因為豬肉的甜味釋出後，將形成鮮甜的高湯，也不需要再加入高湯粉了。

作法

1. 灑鹽

確認包裝上的肉品分量，並以此為基準，抓取 5% 的鹽巴。就著容器，直接在豬肉上灑鹽巴。

2. 均匀抹上鹽巴

用手塗抹，確保整塊豬肉都抹上鹽巴。

3. 放入保鮮袋

肉放入保鮮袋並密封，以隔絕空氣，再放入冰箱冷藏。

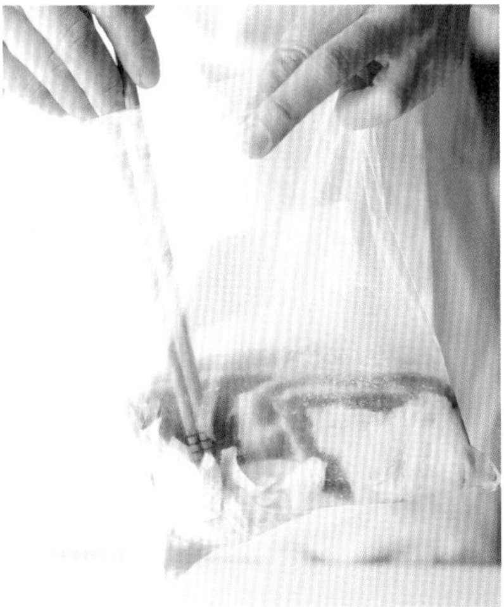

4. 除去水分

過了一段時間後，豬肉會出水，這時要以廚房紙巾吸取水分。可以使用料理長筷夾取紙巾，避免手接觸袋子。

注意事項 從袋中夾取豬肉時，記得手不要觸碰到肉。如果細菌跑進去會容易腐敗。

各式變化

優格醃漬

只要有了優格醃漬，馬上就能做出一道咖哩。直接將醃好的肉煎熟就很美味，也可以運用在ＢＢＱ喔！

將豬肉切成適口大小，放入保鮮袋中。以豬肉的分量為基準，放入 5% 鹽巴、20% 優格和滿滿的生薑丁及大蒜丁，揉捏均勻。醃漬後可以在冰箱保存約 10 天。

活用食譜

燉豆咖哩 p.122

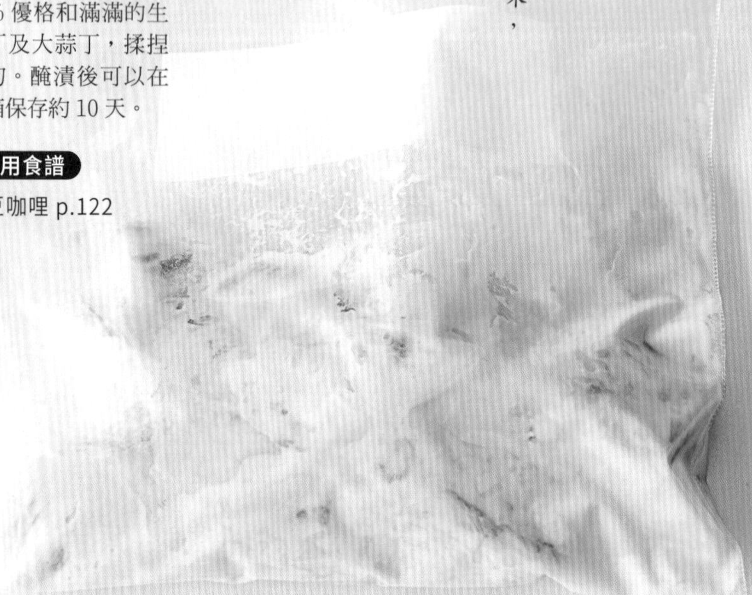

優格醃漬是製作咖哩所需的食材，因此可以先將豬肉切成適口大小再醃漬。當然，你也可以依照個人喜好選用豬里肌肉或是雞肉。先將肉放入保鮮袋中，再加入鹽巴、優格、生薑丁和大蒜丁，隔著保鮮袋充分揉捏。當鹽醃肉久放出現些許味道時，再加入優格就可以了。由於浸泡在水中，再加上優格的功效，因此肉品可以存放更久。

味噌醃漬

所謂味噌醃漬，就是以少量的味噌醃漬豬肉。製作重點是先以２％鹽巴讓肉品脫水。

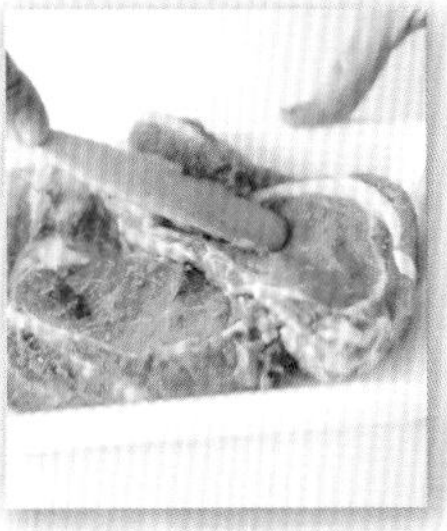

以豬肉的重量為基準，量取2%鹽巴，均勻抹在豬肉上。靜置一陣子之後，豬肉會開始脫水，這時請以廚房紙巾擦拭乾淨。選用你喜歡的味噌，薄薄塗在豬肉表面後放入保鮮袋，並在冰箱靜置即可。

為了保存肉品，需要使用５％鹽巴醃漬。但是味噌醃漬可以直接煎熟後食用，因此只需要２％鹽分。重點是開始醃漬時，需要撒上鹽巴，脫水後，記得要水分擦拭乾淨。接下來，在肉品上塗抹薄薄一層味噌，增添食材風味。有些作法會建議你用上滿滿的味噌，但只要一開始做了脫水步驟，就只需要少量的味噌。相較於５％鹽分的鹹豬肉，味噌醃漬豬肉的保存期限比較短，大約可以在冰箱存放五天。

column

鹽分濃度與食品保存

以下會將本書介紹的蔬菜・肉品鹽醃與市面上的食材鹽度並列出來。從這裡可以看出，透過鹽醃讓食材免於腐敗、長時間保存是全世界共通的智慧。

清湯

不會過濃也不會過淡，飲用時覺得剛剛好的鹹度是0.75%。建議你可以記住這個比例，對於日後料理相當有幫助喔！

0.75%
飲用時會覺得美味的鹹度

2%　1%　0%
鹽分濃度

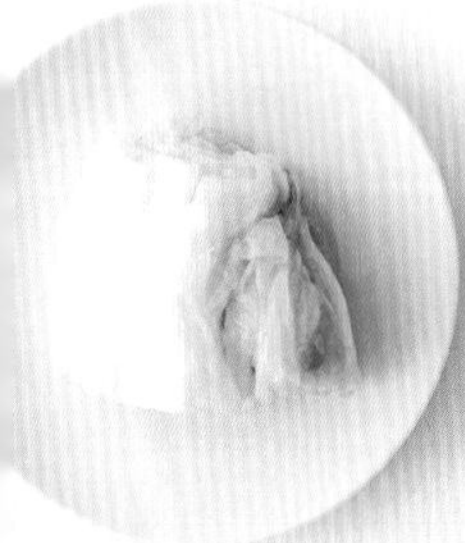

醃漬白菜（p.16）

以2%鹽巴醃漬的白菜。隨著乳酸發酵緩緩進行，也會帶出酸味。

水泡菜（p.46）

鹽分較低的醃漬物，做為沙拉直接食用也很美味。

醃漬紅蕪菁

長野縣木曾地區的傳統作法，不用鹽巴的醃漬物。將紅蕪菁過熱水、破壞細胞膜，使其產生乳酸發酵。

泡菜

韓國泡菜的鹽分也是2%。搭配白飯享用就是剛剛好的鹹度。

※本欄目將列出本書介紹過的醃漬物，以及市售醃漬物的鹽分濃度。市售醃漬物根據商品不同，鹽分也各有差別，因此僅列出一般平均數值。

※另外也向各位說明鹽分濃度計算方式。比方說，如果以豬肉分量為基準，抹上5％的鹽巴後，由於鹽巴的分量也會包含在整體分量之中，因此實際的鹽分濃度大約會是4.7％。不過為了讓讀者更容易理解，我會將鹽分濃度標示為5％。

5% 4% 3%

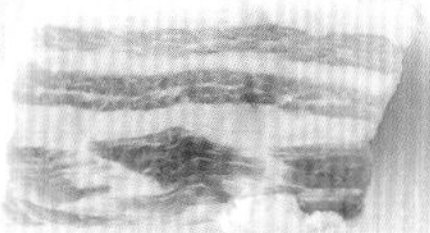

鹹豬肉（p.51）

生肉如果要保存一到兩週，鹽分濃度需要5%以上，並且靜置於冰箱中。

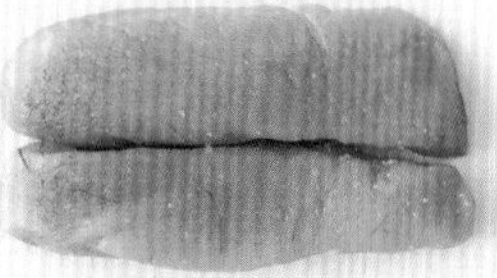

明太子

以阿拉斯加鮭魚的卵巢鹽醃而成，保存期限與鹹豬肉差不多。

鹽水醃漬（p.43）

蔬菜如果要在常溫中存放，鹽分濃度需要4%。比起醃漬白菜，鹽水醃漬的鹹度更強。

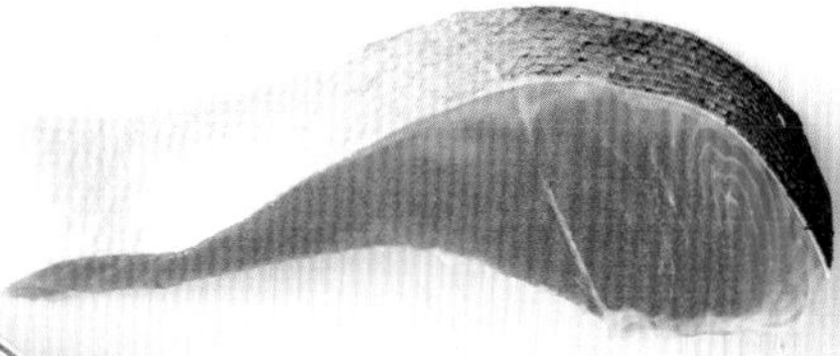

鹽漬鮭魚

一般來說，口味較甜的鹽漬鮭魚鹽分味的度是2.8%，中辣是3.8%、辣味是4.8%。

本欄目將常見食材的鹽分濃度逐一列舉出來。如果以「直接飲用會覺得美味」的「清湯」為基準，鹽分濃度是百分之零點七五，鹹度比起1％再低一些。只要記住這個鹹度，當你以5％的鹹豬肉製作湯品時，就能大致抓到該放多少水和蔬菜，吃起來才會剛剛好了。

你是否以為，醃漬物就是「把食材抹上鹽巴、放在一旁」呢？以鹽巴發酵蔬菜而成的醃漬物是透過鹽巴的滲透壓破壞蔬菜的細胞，再透過空氣中的乳酸菌促進發酵。不過，就算不運用鹽巴，光是淋上熱水、破壞細胞，也可以在不使用鹽巴的狀況下達成乳酸發酵。另外，如果直接捶打食材、破壞細胞，也可以達成乳酸發酵喔！用鹽醃以外的方式破壞細胞、達成乳酸發酵的「無鹽醃漬物」不管在尼泊爾、中國、日本都可見到。

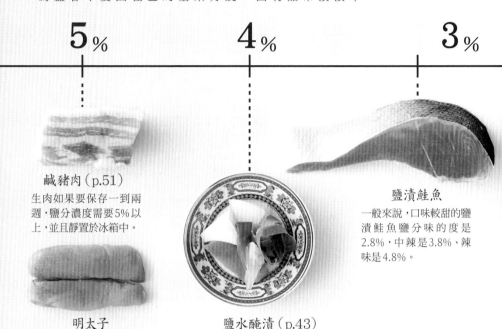

14%

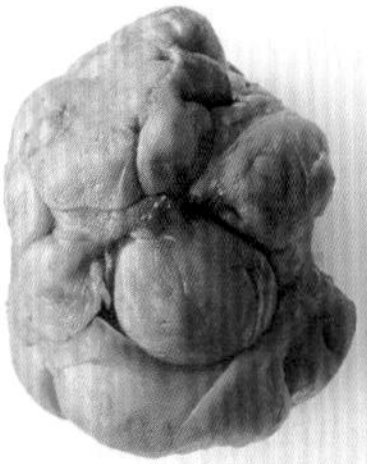

榨菜

榨菜的鹹度不適合直接食用，泡水後的榨菜，鹽分濃度還是相當高。

12%

日式醬油

日式醬油濃度濃縮為3倍，因此如果以2倍的水稀釋，正好可以做為沾醬使用。

壽司醋（p.164）

以醋、鹽巴和砂糖調和而成的調味料，多半做為甘醋運用在各式料理之中。

味噌

一般的味噌是以10%～12%鹽分濃度製成，不過白味噌的濃度較低，大約為5%。

6%

高菜漬

在醃漬物中屬於鹽分濃度較高者。當濃度達5%以上，食材較不容易腐敗，保存期更長。

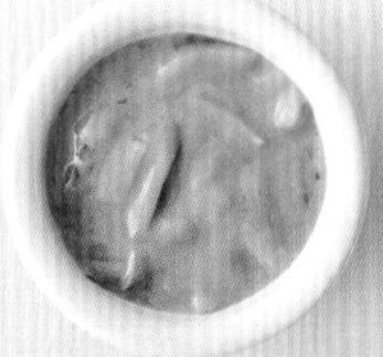

鹽辛魷魚（p.152）

鹽醃魷魚內臟後，再與魷魚肉拌製而成的醃漬物。魷魚鹽分濃度高，可以存放得更久。

也就是說，發酵並不是仰賴鹽巴的比重多寡，只要能將細胞破壞就行。當鹽分濃度越高，食材的保存期就越長。我在醃漬蔬菜時，之所以會將鹽分濃度抓在2%左右，就是因為如果要在食材腐敗前

99.1% 20% 16%

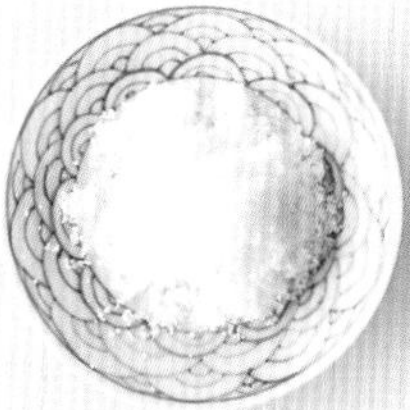

鹽巴

如果要達到等同100%鹽巴的鹽分濃度，只要加入6倍醬油、8倍味噌就可以了。

梅乾

多以15～20%濃度製成。保存期長、以古法製成的梅乾則是20%。

醬油

濃醬油味道較甜，鹽分濃度大約16～17%。淡醬油顏色較淺，但是鹽分濃度高達18～19%。

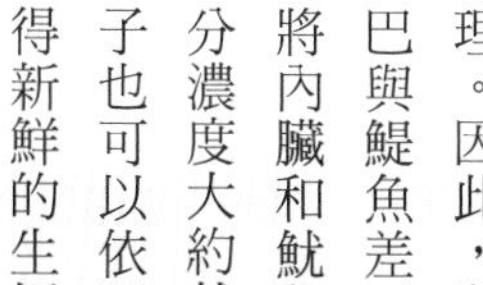

鯷魚

鯷魚是以生的小沙丁魚鹽醃、發酵，再以橄欖油醃漬而成。

吃完，至少需要這麼多的鹽分。因此，假如想要拉長保存期，只要增加鹽分就可以了。

鯷魚是運用沙丁魚內臟裡面的酵素，使其發酵，為了抑制細菌生長，需要抹上接近30％濃度的鹽巴。製作鹽辛也是依照同樣的道理。因此，醃漬魷魚內臟所需的鹽巴與鯷魚差不多。但因為接下來會將內臟和魷魚肉拌在一起，所以鹽分濃度大約就變成6％。鹽醃明太子也可以依照同樣的方式製作。取得新鮮的生鱈魚卵後，只要與30％左右的鹽巴一起放入保鮮袋即可。醃漬完成後，再以鱈魚卵的重量為基準，取六倍的水清洗。過水後，濃度大約就變成5％了。本篇試著將各式食材的鹽分濃度列表，如果能先了解這些概念，對你的料理應該會有所幫助。

會增添甘味的食材就以風乾處理

並非任何食材都可以拿來風乾。
製作之前，必須先了解
什麼樣的食材適合這道工序。
接下來將為各位介紹
風乾後會濃縮甘味，
並且能廣泛運用於料理中的各項食材。

說起「風乾」，不僅是製作需要花功夫，料理前也要還原食材。因此雖然是備受討論的料理方式，實際運用的人卻不多。不過，我平常在做的「風乾」很簡單，幾乎可以說是把食材丟在一旁就不管了。就跟把食材用保鮮膜包覆、放入冰箱一樣，不需要花什麼時間。食材接觸面積越少越好，因此我會用竹籤串起。如果要風乾白蘿蔔皮，削下之後就會直接放在杯子上。用笳籬風乾很占空間，所以我不會使用這個道具。買了菇類、生干貝或是蝦子，如果剩下一兩顆，而且沒有要用在其他菜餚時，我就會拿來風乾。也就是說，我並不會特地買食材做成風乾物。

此外，並非每一種食材都適合做成風乾物。風乾之後，甘味會濃縮在食材中，因此只有能做出高湯的食材才適合，比方說乾香菇、乾蝦、乾干貝、白蘿蔔乾等。仔細想想，幾乎都是會在乾物賣場裡會看到的東西。這些食材風乾之後會變得更美味，所以才會特地拿來風乾。

祕訣是用竹籤串起食材，
垂掛在空中風乾。

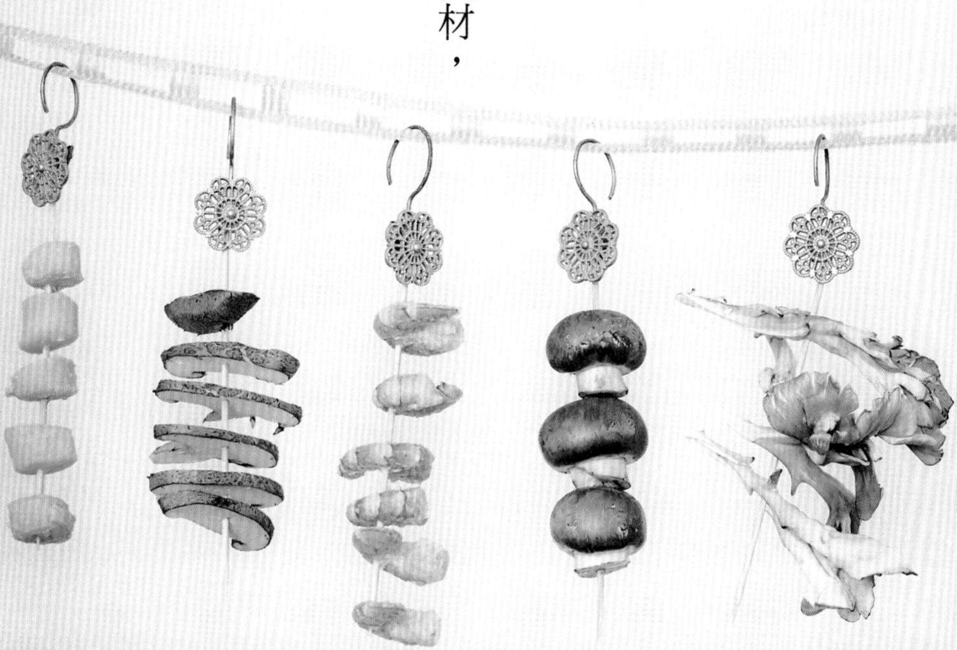

風乾菇類

香菇、舞菇、
蘑菇等菇類很容易受損，
因此只要有多的，
我就會做成風乾物。
風乾之後，
更能體會到菇類的美味。

活用食譜

酸白菜乾舞菇水餃 p.112
風乾蘑菇佐核桃燉飯 p.130
風乾香菇與蔬菜煮物 p.132

我最推薦的風乾物就是非常容易製作的風乾菇類。香菇或蘑菇可以直接風乾、不需要切開，舞菇的話只要用手剝開就可以，不需要用刀，輕輕鬆鬆就能完成。

運用在料理時，不一定需要用水泡開。比方說製作清湯時，只要把一朵乾舞菇放入湯裡加熱，舞菇的風味就會散到湯裡。一入口，甜味就會在嘴中暈染開來。此外，也可以直接用手剝一些乾菇，作為餃子餡。蘑菇風乾之後，質地容易散開，也很容易吸水恢復，只要剝一些放入燉飯就可以了。乾香菇是風乾物中的代表性食材，不過令人意外的是，似乎很多人不知道在家製作乾香菇竟然是這麼簡單。

將菇類用竹籤串起，垂吊在家中某個角落，光看著就覺得很可愛，如果能從風乾的過程中獲得一些樂趣也很棒喔！

作法

1. 切片

香菇可以先把蕈柄切掉再切片，只切除根部也可以。

2. 以竹籤串起

香菇片以竹籤串起，每片之間留一些間隔。

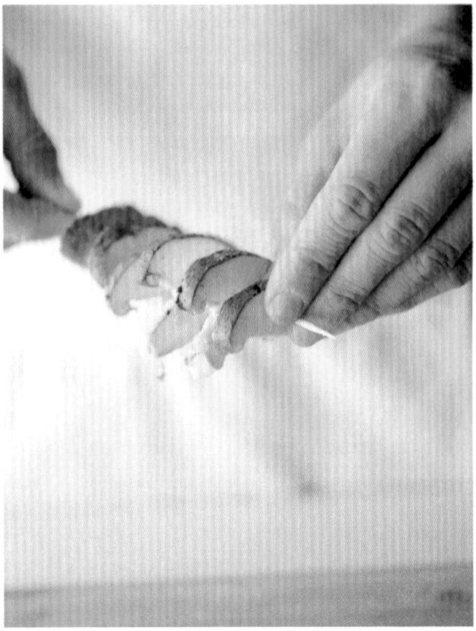

3. 舞菇的處理方式

剝下適當大小後，一樣用竹籤串起留出間隔。

4. 蘑菇的處理方式

不需切開，整朵以竹籤串起，記得每朵之間要保留空隙。串起之後，可以用夾子或是曬衣掛架夾好垂吊，直到菇類完全乾燥。

乾蝦、乾干貝

乾蝦和乾干貝是中華料理中的高級食材。市面上販售的價格不低，如果有剩餘的生干貝，可以將它風乾，保存在玻璃瓶裡。

乾蝦與乾干貝都可以做出美味高湯，因此我會刻意製作成風乾物。直接將這些風乾物煮成高湯，嘗起來就很棒，但如果跟豬肉搭配，更能做出讓人感受到不

活用食譜

風乾干貝佐鹹豬肉炊飯 p.126
風乾蝦佐燉煮豬肉米粉湯 p.134
風乾蝦佐紅蘿蔔泰式涼拌菜 p.136

同層次的高湯。我在做米粉湯和炊飯時，常常會把豬肉一起放入。乾蝦也常常出現在泰式沙拉、泰式涼拌菜裡。

與乾香菇、乾蔬菜不同，製作乾蝦、乾干貝時，需要先以鹽巴烹煮。首先加入5%的鹽巴，再放入足夠溶解鹽巴的少量水，煮至水分蒸發。接著再以竹籤串起，陰乾直到食材呈現乾燥貌，這樣就完成了。食材表面的白色粉末是鹽巴的結晶，因此不需要擔心。乾香菇或乾蔬菜可以直接吊掛，但乾蝦和乾干貝需要放入玻璃瓶中保存。不僅看上去可愛，更重要的是，家裡如果有這些食材，做菜就非常方便了。

作法

1. 剝蝦殼

可以選用蝦子或是干貝，若是蝦子需要先去殼。

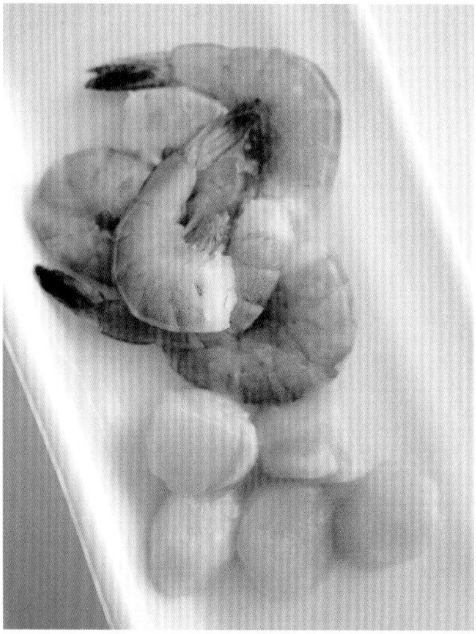

2. 加入鹽巴

測量蝦子或干貝的重量，再加入5% 的鹽巴。最後倒入少量水，足夠將鹽巴融化即可。

3. 烹煮

開火烹煮，直到鍋內水分蒸乾。

4. 用竹籤串起

食材放涼之後，以竹籤串起，中間需留一些空隙。風乾直到食材完全乾燥。

風乾蔬菜

從前我會製作各式各樣的風乾蔬菜，但現在只會選經常使用的蔬菜來製作。我推薦的風乾蔬菜是白蘿蔔皮。至於風乾櫛瓜，則是可以運用在義大利麵裡喔！

活用食譜

乾櫛瓜炒鹹豬肉義大利麵 p.128
風乾白蘿蔔燉煮物 p.133

在各式風乾蔬菜中，最常出場的就是風乾白蘿蔔皮。一般都會將白蘿蔔削皮使用，因此，白蘿蔔皮要不做成金平蘿蔔，不然就是做成醃漬物。不過，就算做了一大堆醃漬物其實也吃不完。這種時候，我就會把白蘿蔔皮晾在杯子上風乾。這麼一來，就成為風乾白蘿蔔絲了。新鮮的白蘿蔔和風乾白蘿蔔絲的風味截然不同，家裡如果備有風乾白蘿蔔會很方便。

此外，櫛瓜絲通常只會用來製作義大利麵。先將櫛瓜縱切成一半，再切成薄片晾乾，就會成為像麵條一樣細長的風乾櫛瓜絲。將櫛瓜絲與麵條一起煮熟，再拌上鹹豬肉的油脂（將油脂部分加熱而成）就完成了。煮過的風乾櫛瓜絲柔軟順口，吃起來和新鮮的櫛瓜完全不一樣。我會為了品嘗這個口感而特別製作風乾櫛瓜絲。

作法

1. 白蘿蔔削皮

將白蘿蔔皮厚削下，直接放置在杯子上風乾。需要使用時，再用廚房用剪刀剪下適當大小。

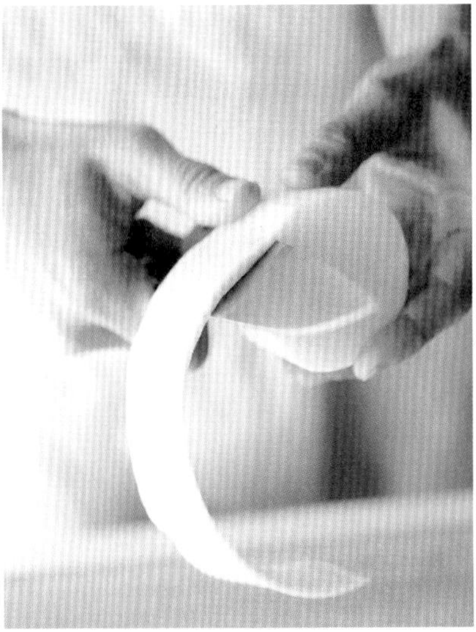

2. 櫛瓜切成薄片

先將櫛瓜縱切成一半，再切成薄片狀。

3. 用竹籤串起

以竹籤串起櫛瓜薄片，中間需留一些空隙。由於櫛瓜片非常柔軟，小心不要戳破。

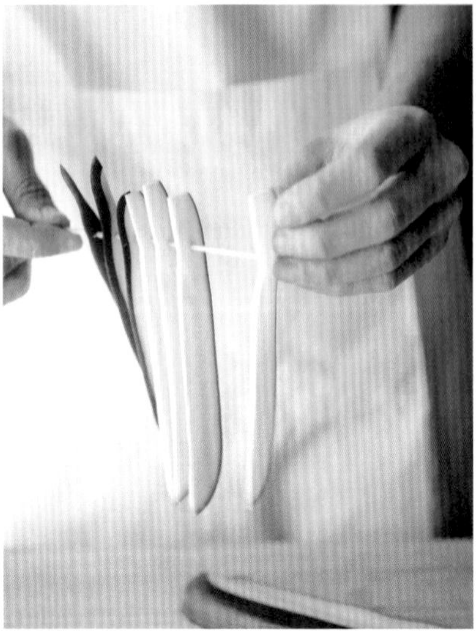

4. 風乾

將竹籤兩端架在杯子上，如照片一樣風乾。因為風乾櫛瓜容易破，因此最好不要放在瓶子裡，像這樣直接掛在杯子上即可。

每天，我就是在這個雙口爐的廚房裡做料理。我會用中華炒鍋上的蒸籠蒸食材，因此平常就放在炒鍋上，需要時再從那裡取出。玻璃製的煮鍋看得見烹煮時的狀態，使用起來很方便。

第2章 延長食物風味的理由

讀完第一章，也許很多讀者會認為我在做的事情很奇怪。確實這些料理手法和一般不太一樣，不過對我來說卻是再合理不過的行為，而我也不會做不適合自己生活方式的事情。第二章是為了讓讀者們更了解我的性格背景，並且對第一章提到的內容進行補充寫成。讀完之後，您或許就會更了解我為什麼要每天做這些事情了。

與冰箱說再見

二〇一一年的某一天，我將冰箱的電源線拔掉了，時間點剛好就是東北大地震的兩個星期後。為什麼會在地震發生後兩週做這件事呢？因為我發現，我的冰箱明明只有一個人使用，但要把裡頭的食物全部吃光，竟然要花上兩個星期。這讓我非常震驚。明明平常沒什麼在使用冰箱，卻塞了這麼多食材，這樣過生活似乎有點奇怪。我一邊看著電視新聞，對自己習以為常的生活突然有了截然不同的想法。

回想一下，在祖母輩的時代裡並沒有冰箱。祖母每年製作新年料理時，大約會花上一個星期的時間依序製作。做完之後，就是將它們全部放在屋簷底下，而非冰箱裡。反觀我雖然有冰箱，偶爾卻還是會買了過量的食材，然後一直放到食材腐壞。也許對我來說，冰箱並不適合用來保存食材。

此外，不管是蔬菜、肉品或是魚類，只要把多餘的食材風乾或鹽醃，就算沒有冰箱，連炎熱的夏季也可以安然度過。然後你會發現，當氣溫變高，食材腐壞的速度就會變快，所以你會特別留意家裡的通風程度，也因此感受到住家環境的變化多端。另外，由於食材採買量會大幅下降，不太需要製作常備菜，所以也不再需要為了消耗冰箱裡的食材，而勉強自己吃下「現在其實沒那麼想吃」的料理了。

突然開始想用冰箱

經過了好幾年，我的想法也轉變為「這樣的生活實在太棒了！我這輩子再也不需要微波爐、電子鍋、冰箱這些東西了！」不過就在這時，我恰巧搬到現在的居所，竟然因此開始想要使用冰箱，而這剛好也是我人生中第一個帶有浴缸的房子。這讓我突然想通了一件事。在出版　不需要冰箱的食譜　這本書時，偶爾會收到一些讀者回應，說自己「很難好好做出風乾物」。當時的我並不明白原因，現在總算了解了。

我現在住的房子雖然日照充足，但是並不通風。因此，只要連續幾天的天氣不好，風乾到一半的食材就會發霉。再加上每天加熱浴缸水，房子裡的濕氣變得非常重。原來，居家環境因素對於食材處置的影響遠遠超過我原來的想像。從那時候開始，我只會在家裡製作容易乾燥、又能做出美味高湯的風乾菇類和乾蝦、乾燥干貝等。多餘的蔬菜，我會全數做成鹽水醃漬物，因為這才是最適合現在生活環境的料理手法。此外，完全捨棄冰箱其實也不是我的志業，因此隨著居住環境改變，沒有冰箱的生活也就這麼結束了。

切過的蔬菜就丟在流理檯上

不過，就算開始使用冰箱，過去的習慣還是很難改掉。料理好的食材還是會直接放在鍋子裡，忘記放到保存容器；要煮菜時，就直接從鍋子裡的食材開始著手；買豬肉時，還是會買一整塊，然後一買回來就抹上鹽巴；切好的蔬菜或檸檬也不會用保鮮膜包起來放到冰箱，而是隨意丟在廚房邊上，切口會自然風乾，其餘部分則保持新鮮狀態。反正每天都會用到這些食材，就當成在做風乾蔬菜，所以老是把蔬菜丟在流理檯上……這樣一來，就跟家裡沒有冰箱時差不了多少嘛。此外，雖然我不會再把所有食材都拿去做成風乾物，卻也不會因此就把食材用保鮮膜好好封起來放冰箱，就是隨興擺放而已。隨著時間過去，慢慢就形成這樣最簡約的型態了。那麼究竟哪些東西才會放到冰箱呢？大概就是像醃漬長蔥、醋醃洋蔥等這類已經大致完成前置作業的小菜了。

順道一提，我家的冰箱雖然是獨居者用的小冰箱，但放在五十公分左右高度的不鏽鋼架上，高度和視線相同，看起來就跟一般家庭用的冰箱差不多，不會覺得太小。如果你家也是使用小冰箱，可以試著墊高冰箱，不僅打掃時方便，蔬菜買回家後也可以整袋直接掛上架子喔！

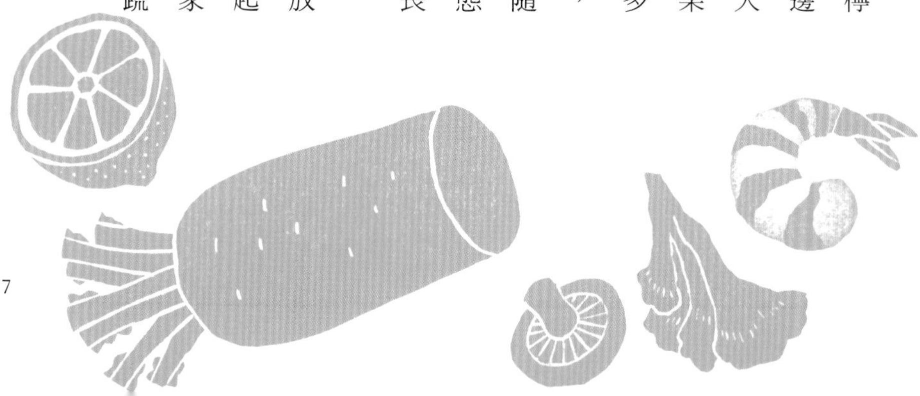

在亞馬遜流域邂逅的料理

在《不需要冰箱的食譜》出版後，我收到一個令人興奮的邀約。對方邀請我運用書中的生活智慧，到基礎建設還不完備的秘魯亞馬遜流域參加ＪＩＣＡ的地域開發專案。我以食品加工專家的身分參與，每次在那裡停留三週左右的時間。亞馬遜流域不論何時都很炎熱，一年只分雨季和乾季。由於森林全年資源豐富，食材種類非常多。根據秘魯政府提供的資料，這裡的居民有營養不均衡的問題。但我認為，這主要是因為速食文化盛行，當地許多家庭都習慣吃炸物、喝碳酸飲料。不能將營養不良全部歸咎於「當地居民生活貧困」。

體驗亞馬遜流域飲食

而在有些地區，雖然鎮上基礎建設完備，但只要去到鄉村，一天之中就只有四個小時有電可用。沒有瓦斯，洗衣和煮飯都只能用河水解決，當然，洗澡也是。

在鄉村，當太陽升起時，人們會開始燃起爐火烹煮豆類或熬煮水果做成果汁。這種果汁營養非常豐富，可以取代蔬菜，作為維他命來源。爐火會一直持續到傍晚，有時人們會燉煮芋類、香蕉，或是取出一部分早上熬煮的豆類做成燉煮料理。鯰魚頭會一直放在網架上煙燻，接著再用爐火慢慢燉煮。到了隔天，魚骨頭會全部化到湯裡，這時就會加入磨碎的香蕉，為湯品增添黏度（這就是我在p. 162介紹的「秘魯風味魚湯」）。

炭火上頭的天井垂吊著在山上取得的珍貴肉品，居民會透過煙燻方式保存肉類。旱稻（指在旱地耕種的稻米）、芋類和香蕉是居民的主食，他們也會從眼前的烏卡亞利河釣

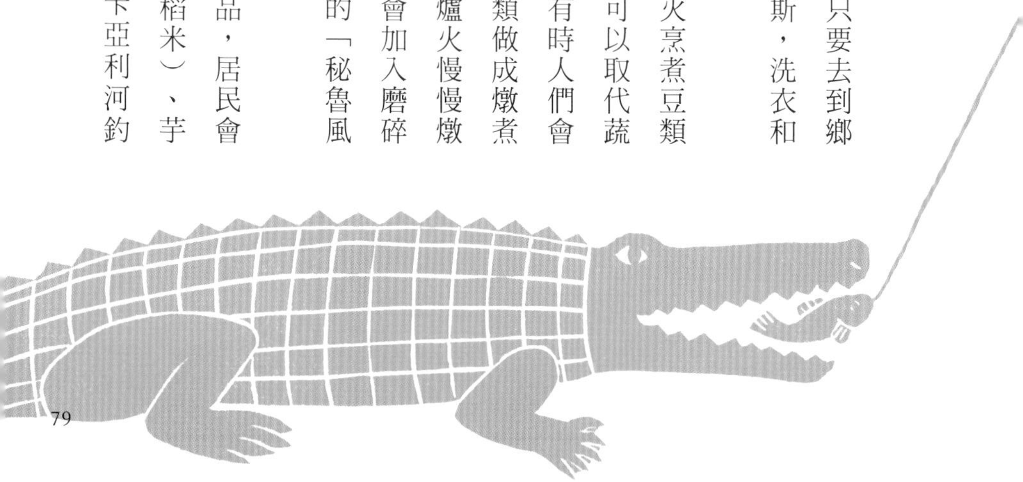

魚，或炸、或煮、或烤。餐桌上的常備菜是醋醃洋蔥，他們會淋在魚上，做出各種調味。雖然沒有種植蔬菜，但因為可以採集到很多水果，因此居民會烹煮水果，或是直接榨汁，搭配料理一起享用。

以芋類為主軸的菜單

為了工作以木舟遠行時，我們通常會在日出時出發，並且在天色變暗之前回來。要是不這麼做，就沒辦法在蜿蜒的河川裡航行。如果有橋，到目的地的車程大約只要二十分鐘，但因為是坐船，所以大概需要花上四個小時。這種時候，我們會帶上以尤卡（木薯）製作而成、稱為「Masato」的濁酒。這種酒非常美味，而且可以增強體力。由於經過發酵，因此不用擔心會損傷，攜帶非常方便。

在各式芋類中頻繁登場的就是木薯。以水沖去污垢之後，不管是水煮、油炸或是磨碎後生吃都可以。有一道料

理叫做「Huanedeyuka」，這是以香蕉葉包裹、類似粽子的菜餚。做法是將磨碎的木薯加上辛香料或是炒過的蔬菜，再加入鹽醃後的河魚，最後用香蕉葉包起來水煮。因為用香蕉葉包裹，再加上醃漬魚肉中的鹽分，就算是在濕熱的雨林，也可以在常溫狀態下保存一整天。而且吃下去非常具有飽足感。

某天，當我走在雨林時，居民幫我把找到的各式芋類挖起來，再用水烹煮。據說每一種芋都可以增強體力，甚至還有的芋被起了「色鬼」的稱號。有一種芋是紫色的，吃起來像日本野生山藥。還有一種芋很神祕，看起來跟日本小芋頭很像，但是又和芋頭不一樣。另外也有不管燉煮多久，也不會變軟的芋類（如您所想，這就是「色鬼」芋頭）。不管是哪一種芋，吃起來都別有一番風味。事實上，我住在那裡時的主食幾乎都是芋類，不但身體狀況很好，而且看看當地的男人就知道，每個人的肌肉都非常健美。在芋類和河魚的作用之下，竟然可以型塑出線條這麼漂亮的胴體，真是太厲害了！他們的身體都很強壯，只要兩個男人就可以殺死全長三公尺的鱷魚。怎麼會有營養不良的問題呢？從那之後，就算我回到了日本，也會常常以蒸芋類作為主食，搭配魚類或煎過的鹹豬肉來吃。

因為芋類只需要水煮就可以食用，因此如果以芋類作為菜單主軸，不論是誰都可以幫忙備菜。就算人數增加，只要再多加一些芋類到鍋內就可以了。此外，調味可以各自處理，因此各種飲食喜好的人都可以一起在餐桌前享用。料理芋頭也不需要太高深的技巧，非常輕鬆簡單。就算是在秘魯的亞馬遜流域，我原本就覺得很棒的「連續吃」手法又更加深植在心。透過這次工作經驗，我對於自己「不管在哪裡都可以生存」這件事又多了一點自信。

ＢＢＱ的剩餘食材

現在是你和朋友一起舉行ＢＢＱ派對後的收拾時間，那些剩餘的肉類和蔬菜該怎麼處理呢？大家都會為這件事煩惱吧？這種時候正是活用醃漬和風乾手法的絕佳時機！準備好塑膠袋和鹽巴，當場就可以製作醃漬物了。這種時候，就算不完全參照本書所寫的鹽分比例製作也沒關係。不，我認為其實可以完全不參照書中比例，直接以目測方式製作會更帥氣喔！

首先將剩餘的肉類放入塑膠袋，灑上鹽巴以防腐，接著再淋上檸檬汁。用鹽巴和檸檬醃過的肉，直接煎熟就很好吃。由於檸檬的酸性可以將肉變得柔軟，如果做成咖哩類的燉煮料理也很棒。高麗菜和紅蘿蔔就一起放入塑膠袋裡，灑上鹽巴後封緊。適合做成醃漬物的蔬菜，只要通通放入袋子裡，在回程路上就可以變成好吃的淺漬物。到家之後，先加上香料或葡萄乾，再加入水，就可以做成甘醋醃漬物了。

切成圓輪狀的洋蔥和同樣是圓輪狀的檸檬可以一起放入塑膠袋裡，接著再灑入鹽巴。使用方法就和醋醃洋蔥（p.143）一樣。新鮮的菇類會想要回家後做成風乾物，你可以平放在飛盤等物品上帶回家。烤剩的洋蔥、菇類、茄子、紅辣椒可以一起放入塑膠袋，擠入檸檬汁後再加入油，阻絕空氣做成醃泡物。完成之後搭配肉類享用，或是和番茄一起燉煮，也可以變成一道新的料理。烤過的海鮮類也是一樣。既然如此，帶去ＢＢＱ的油，最好是攜帶廚房常備的橄欖油囉！如果手邊有檸檬，不僅可以做成ＢＢＱ時的飲料，也可以用在食材保存。因此務必記得帶上喔！

如果事前想留一些芋類，記得火烤時先不要切塊，直接整顆用鋁箔紙包起，放在爐火邊蒸熟。要吃的時候，只要切下適當分量，再用鐵板烤出焦香即可。剩餘的芋類可以直接食用，或是做成芋頭飯。

儘管和平時習慣的做法不太一樣，但是不管是在家裡或是在外面，料理手法都大致相同。此外，如果將「外面」的定義再擴大，不管在世界的哪一個角落生活，做菜的方式都是一樣的。我認為，ＢＢＱ、鹽醃物和風乾物可說是全球共通的飲食文化。雖然乍看之下可能會覺得料理方式豪爽的ＢＢＱ和謹慎作業的鹽醃物、風乾物相差很大，其實搭配起來是非常合的喔！

各地飲食的同與異

有些食物看起來是日本特有的產物，但到了其他國家，卻也會看到類似的東西。這種現象似乎很常見，確實也不難理解。因為國家或區域是以政治疆域劃分而成，文化圈卻是以氣候區分，兩者不竟然相同。比方說除了日本的傳統發酵食品以外，像是將澱粉加工製作成食品、製作麻糬，或是味噌和納豆等大豆類的發酵產品、以麴製成的釀造酒、蒟蒻、熟壽司（以乳酸菌發酵熟成的魚肉漬品）、魚露等，這類日常飲食中的發酵食品，也會出現在部分亞洲地區居民的餐桌上。

我在不丹用餐時，跟燉煮乾肉一起端上餐桌的是類似納豆、又像是調過味的蕎麥粉所做成的麻糬，還有以雜糧做成的濁酒。明明是非常熟悉的味道，但是吃起來又有異國風情，實在很不可思議。

我曾經聽魚板店老闆說，魚板的起源是東南亞的魚肉丸子。的確，我去到印尼的某個小島時，就曾看到路邊攤販正在烤著像是雞肉丸串、但其實是以魚肉泥做成的魚丸串。吃起來就像是有椰子和香草味的沙丁魚丸，非常美味。

就連隔壁家的菜餚都不一樣

像這樣在各地看見相互關聯又類似的食物，你就能理解，這是因為大家生活在同一個文化圈，所以就算發現相似的食物，也是非常合理的事情。你反而會因為看見孕育自世界各地、具有些微差異的食物而深深感動。喜歡把納豆和生雞蛋一起淋在熱騰騰的白飯上的人，其實只存在於廣大世界中的小小一隅。也是如此，我們會看到不同地域的食性也不盡相同，有些人會把熟壽司爽快烤過，小口吃掉，但也有人會把熟壽司和辛香蔬菜一起拌炒，炒到看不到原本的形體再吃。

雖然食品加工方式大致相同，但是餐盤之上的料理不管是味道或是盛盤都不一樣。綜觀來說，這和文化圈有關，但其實這就像是自家的料理和鄰居的料理味道不一樣。因此我認為，做菜時，不需要執著於料理的完成度（因為並沒有所謂的完成度），只要照你喜歡的方式就可以了。這才是真正重要的事。

菌種變了就會成為另一種料理

我曾經聽過，就算都是乳酸發酵後的醃漬物，有些人吃日本的米糠醃漬沒問題，但是吃了德國做的德式酸菜就會拉肚子。雖然乳酸發酵的原理相同，但只要在氣候風土不同的地方製作，就會成為該地特有的食品。嚴格說，若是在日本製作德式酸菜，成品也會跟在德國做的酸菜不一樣。這是因為空氣裡的菌種不同的關係。所以，我們永遠無法在日本做出真正道地的德式酸菜。我曾在秘魯亞馬遜流域吃過日裔人做的味噌，但味道就是有差距。之所以會因為德式酸菜拉肚子，或許就是因為菌種不合的關係。

有一部分的人認為，酸味的醃漬物會讓自己吃壞肚子，所以一般商店裡販售、包裝完整的醃漬物還是比較讓人安心。不過，真的要吃下別人做的醃漬物，還是不太放心。要是這麼想，豈不是將自己吃下肚子的食物交到別人手中嗎？確實，不僅是醃漬物，只要是不知道實際狀況的食物就會讓人擔心。但事實上，腐敗和發酵只有一線之隔，要用語言清楚說明何謂腐敗、何謂發酵也很困難。因此，我還是希望大家可以累積自己的經驗和直覺，以此做出正確判斷。如果可以做到這樣，就會很厲害呢！

氣候不同，菌種也會不一樣。生活在其中的我們，和細菌一樣都是大自然的產物。在這樣的環境下，當你要做異國料理時，與其想著要做出道地菜餚，不如換個角度思考，在遙遠的海的另一邊，也許有另一個人跟你一樣，對料理有著同樣的想法。這樣不是很有趣嗎？本書中的西西里燉菜，要是讓我來做，也就是普通的夏季燉鮮蔬，西班牙燉湯就是類似蔬菜汁的東西。水泡菜則是鹽分比較淡的鹽水醃漬物。不論是什麼樣的菜餚，如果能像這樣以自己的喜好，做成充滿個人特色的料理就會變得非常有趣喔！

都市中能採集的食材

東京是我出生成長的地方，平常的生活都在十公里的範圍內。從小，外出探險和採集食材就是一套行程，春天時，祖母會帶著我去多摩川河堤岸摘採魁蒿，再一起製作彼岸用的草餅。搭上電車，往稍微遠一點的地方去，還有更多田地。我們會在那裡抓日本雨蛙，再順便摘採生長在岸邊的芹菜，作出當天的晚餐菜餚。在按田家，春天就是採集食材、外出郊遊的時刻。祖母和母親都是做生意的人，沒辦法花時間在食材處理上。因此，我們一次只會採集少量食材，並在當次使用完畢。我承襲這樣的方針，去年在附近的公園裡也撿了二十顆銀杏。家附近的柵欄上長了零餘子，我也只摘採了幾顆外觀漂亮的，放進那天要煮的白飯裡。

都市中可以採集到這些食材

就算生活在都市裡，也可以在不同的季節當中發現各式各樣的食材。當你熟悉之後，外出時就能輕鬆發現許多食材，比方說零餘子、梅子、銀杏、花梨、小根蒜、魁蒿、長得像是小松菜又像是白蘿蔔葉一般的蔬菜。我知道的野菜種類很少，因此能採的也只有這些。有時候，我會撿拾掉到地上的果實，或是在停車場採摘野菜。

我不會刻意搭上電車到有田地的地方採集，就是在通勤、購物或是散步途中隨意撿拾，放進口袋裡而已。我比較喜歡這樣隨意輕鬆的事情，因此不會為了採集野菜特地出門。因為採集並非目的，而是在生活中不經意地發現，才能保有新鮮感，讓採集可以更加自在。所以說我並不會刻意帶著塑膠袋外出採集，只是興致所至而已。

零餘子

進入夏季之後，附近停車場的柵欄上就會出現山芋的藤蔓，等到時序接近秋天，就能採收到零餘子。下過雨之後，零餘子似乎生長得更好，因此我會特別過去看看。如果看到成熟的零餘子，我會採到口袋裡，回家做成零餘子炊飯。先快速淘洗白米，放入土鍋中。接著再從口袋裡拿出零餘子，以清水沖洗後，隨意撒在土鍋裡。我非常喜歡把山藥泥淋在零餘子炊飯上，做成類似親子丼的料理。

小根蒜

到了春天，你就能在各式各樣的地方意外發現小根蒜。如果你擔心小根蒜沾上小狗的尿液，也可以搭上電車，去郊區一點的地方摘採。小根蒜通常會長成一束，你可以整把抓起，稍微轉一轉，再一口氣拔起來。白色球莖處如果以稍微多量的橄欖油慢慢煎，會非常好吃，也推薦做成醃漬物。

青綠色的部分可以跟櫻花蝦一起做成天婦羅，切碎和奶油一起調製成香草奶油也很美味。不管是塗抹到麵包上烘烤，或是拿來做歐姆蛋或奶油蛤蜊都行。雖然超市會在春季擺出漂亮的小根蒜，但我認為，小根蒜這種食材用買的就太可惜囉！

野菜

我曾在多摩川河堤旁，發現長得類似蘿蔔葉、也像是小松菜，看起來非常柔嫩的野菜。拔起帶回家汆燙後，口感果然軟嫩又鮮甜。從那次之後，每到春天，我購買葉菜類的頻率就下降了。雖然野菜的根部看起來壯碩，吃起來卻很柔軟，做成炒金平（p.147）非常美味。與其用白蘿蔔皮和紅蘿蔔來做炒金平，其實我更推薦運用這種野菜。

銀杏

我家附近的公園裡種植了整排銀杏木，到了秋天，就會落下許多銀杏。帶著夾子和塑膠袋去公園，把掉在地上的銀杏果肉剝下，依個人所需適量採集。到家之後，把銀杏放到大碗後再盛水，用打蛋器在碗內攪

拌，清洗銀杏。洗淨之後，鋪在屋外曬乾。等到表面乾燥，就以錘子輕敲銀杏，讓它出現裂縫，再以火拌炒。接著把殼剝掉，放入白米中做成炊飯。每次三十顆左右，差不多分三次就會吃完。

・花梨

有時會在街邊看到花梨木行道樹，到了秋天，果實便會落下。就算果實已經稍微裂開也沒關係，你可以用日本酒或是蜂蜜醃漬。我自己從沒喝過花梨酒，都是取果膠使用。先將花梨洗淨，連著皮和種子切成薄片後，放入鍋中。加入適量的水，但不要完全淹過花梨，接著以小火烹煮約一個小時。等到果肉變成稠狀，再以篩子過濾。依據烹煮出來的汁液，倒入等量的砂糖和少許檸檬汁，並移入鍋中，再以大火烹煮。沸騰之後，繼續以大火煮。鍋中液體維持在一倍分量，在不噴出鍋外的前提下，持續烹煮，沸騰兩分鐘左右就完成了。經由以上步驟做成的透明果醬，放入玻璃瓶中可以保存數年。就算常溫狀態下也不會腐敗。順道一提，我不會特地將玻璃瓶煮沸殺菌。空氣裡的細菌更容易落入果醬裡，因此好好打掃環境，對於抑制黴菌和細菌生長會更有效喔！

・魁蒿

我在住家附近發現叢生的魁蒿，因此到了春天，便會去摘取嫩芽。製作以鹹豬肉片為基底的炊飯（p.126）時，特別推薦以快速汆燙過的魁蒿作為搭配蔬菜，兩者的口味非常契合。我通常會帶著刀片出門，看到魁蒿時，只取下柔軟的部位。回到家後，清洗魁蒿，簡單汆燙過就可以使用了。燙熟之後可以冷凍保存，不過，既然難得摘到當令野菜，冷凍處理也太可惜了。

我會將剛摘下的魁蒿做成天婦羅，搭配自製的日式醬油（p.165）和蕎麥麵，就是最棒的一餐。

・梅子

製作梅乾

掉落在地上的梅子，大部分都已經成熟了，對於第一次嘗試製作梅乾的初學者來說是最適合的材料。果實上有沒有損傷，其實都不太重要。清洗乾淨之後，不需要特別去除雜質，也不需要用毛巾一個個擦乾水分，直接放入夾鏈袋，再撒上15～20％的鹽巴就可以了。順道一提，因為我家有很多裝過細絲昆布的袋子（這是「按田餃子」使用的食材，用完之後大家都會幫忙帶走），我會直接把那個袋子拿來用，不需要先清洗。如果偶爾輕輕搖晃袋子，隔了一晚，就會形成梅醋，再過兩天，鹽巴就會完全溶解了。如果後來又撿到梅子，可以再取一個袋子，不管要放入五顆或四十顆都可以，照著同樣的步驟做就行了。

等到收集了幾袋之後，可以找一個大的玻璃瓶，把所有的梅子倒進去。梅乾可以存放幾十年，一週左右的時差不會造成太大影響。現在我在做梅乾時，已經不會刻意測量鹽巴的分量了。如果覺得昨天醃的梅子鹽分稍多了一些，今天撿到的梅子就少放一點鹽巴。以這種方式來做梅乾，大概可以維持在15～18％左右的鹹度。過了一陣子，梅子會完全浸在梅醋裡（這時已經不會發霉了），不知不覺間就完成了。接下來，不管你要不要曬乾梅子都可以。

製作梅子果醬

如果梅子上的損傷比較嚴重，那就不要做成梅乾，而是做成果醬。只要在土鍋裡放入適量的梅子、砂糖或蜂蜜，接著再烹煮就可以了。不過，烹煮時間大約需要花一個星期。這是因為我想在梅子成熟期間，陸續撿更多梅子回來的關係。因此一開始可能只煮三顆，隔天煮兩顆，再來又煮五顆……大概會像這樣。因為梅子酸性強，所以才能這麼做，要是草莓的話就不行了。不管是醋或是梅子，酸性物都很厲害呢！至於果醬的糖份，如果你想要放久一點，就多放點糖，可以依照個人喜好斟酌分量。梅子果醬最好要吃得出酸味，因此不需要像做花梨果醬那樣謹慎，隨興做會更好吃喔！

松果

製作鰹魚半敲燒

鰹魚當令時節，就是松果出場的時候了。點燃松果，並以此炙燒鰹魚表面，就可以做出鰹魚半敲燒。松果含有油脂，不僅容易燃燒，也會產生煙霧。首先，在已經點火的瓦斯爐上放置一顆松果，由於一瞬間就會產生火焰，因此要抓準時機，把串在木串上的生鰹魚片拿到火焰上方炙燒。製作鰹魚半敲燒並不會如想像中那般弄髒廚房，還請放心。等到鰹魚炙燒好、松果也燒盡之後就完成了。除了鰹魚以外，任何你想要增添香氣的食材都可以嘗試看看。

製作煙燻鮭魚

新卷鮭上市時，也是松果能廣泛使用的時候。松果可以取代煙燻木片。先把想要煙燻的食材放入有鍋蓋的鍋子裡，以直火燒烤松果後，再將點燃的松果放入鍋中，蓋上鍋蓋。火會馬上熄滅，而鍋子裡會出現滿滿的煙霧。你可以依照自己喜好，重複上述煙燻步驟。只要把生的新卷鮭切成薄片，放入鍋中，就能輕鬆做成煙燻鮭魚片。雖然這種煙燻法無法長期保存食材，但是可以品嘗到食材經過煙燻後的美味。在鰤魚生魚片抹上鹽巴、經過輕煙燻後，切幾片檸檬，就可以作出三明治。真沒想到過了四十歲之後，還可以從撿拾松果中獲得如此大的樂趣啊！

某一天的飲食紀錄

常常有人問我：「你每天都只吃風乾物和醃漬物嗎？」當然不是這樣的，而且我也不會每天煮飯。去「按田餃子」工作時，我會在店裡吃員工餐，所以不會在家煮飯，有時候也會和朋友約著在外面用餐。不過偶爾，一週之內也會有兩三組朋友接連來家裡吃飯。接下來，就和各位分享我一部分的飲食生活。

一・某天的晚餐

帶著魚肉的新鮮金目鯛骨價錢大概只要日幣兩百元，因此我決定晚餐就用它來煮湯豆腐。除了煮蕎麥麵之外，朋友也送了漂亮的小根蒜，所以我打算用它和櫻花蝦做

炸天婦羅（p.153）。回到家後，把包著金目鯛的保鮮膜打開，取出其中一份抹上鹽巴，再以保鮮膜包好放入冰箱。把昆布和水放入鍋中後開火，另外一個爐口則放上中華炒鍋煮蕎麥麵。以湯勺取出鍋中熱水，淋上金目鯛的魚頭後，再放入昆布高湯中。等到青菜和豆腐都加熱後，先把火關掉，準備做天婦羅。如果可以一邊煮蕎麥麵，一邊炸天婦羅，就可以同時完成上菜。湯豆腐的昆布高湯可以直接放在鍋中，明天再使用。

二・某天的早餐

昨天抹上鹽巴的金目鯛，到了第二天早上就可以用來做炊飯。剩餘的湯豆腐昆布高湯充滿了鯛魚頭的美味精髓，因此可以用它做成湯汁。放入小番茄和自製的紅紫蘇調味料後，接著再炊煮就行了。接下來要加熱昨晚剩下的湯豆腐高湯，放入海藻之後，清湯就完成了。順道一提，家裡可以常備多種不需要浸泡就能使用的藻類，只要通通放入玻璃瓶裡保存就可以了。

三・某天的中餐

我在多摩川邊拔了一些長得像白蘿蔔的作物。葉子可以和鹹豬肉一起拌炒（p.125），果肉部分可以和山藥一起做成酒粕湯（p.158）。中段看起來口感比較硬的部分，只要煮熟之後，就會變成鬆鬆軟軟的，而且鮮甜美味。因為家裡已經有用蒸熟的山藥和洋梨做成的醃漬物（p.150），只需要十五分鐘就能做好午餐。之所以能夠省下採買食材的時間，轉而在多摩川邊悠閒散步，也是因為家裡已經備有鹹豬肉的關係。順道一提，這一天的晚餐是以菜葉絲和鹹豬肉做成的拌麵。

四・某天的晚餐

那天我非常想吃貝類，因此買了一袋淡菜和一顆象拔貝。淡菜只要蒸熟就可以直接享用，而象拔貝則是為了做秘魯料理中的檸檬汁醃生魚。這種時候就是製作醋醃洋蔥（p.143）的日子了。家裡已經有洋蔥，因此不需要特別製作常備菜。而洋蔥本身就可以保存很久，要是沒有特別原因，也不會做這道菜。先取出象拔貝的內臟，再放入研缽中，然後加入鹽巴、檸檬和辣椒研磨均勻。接著只要把切成適當大小的象拔貝和切碎的香菜葉、醋醃洋蔥放入，就完成了。如果要在這道菜裡使用象拔貝的內臟，做法就和鹽辛差不多。如果加上蒸熟的芋類和炒過的玉米，就成了秘魯式料理。剛好家裡有五天前蒸的地瓜可以添進去，地瓜和酸味很合，非常美味！這一餐不想以白飯或麵類作為主食，所以我蒸了馬鈴薯，再撒上起司享用。

五．某天的午餐

如果家裡有鮭魚、鹹豬肉和蒸好的芋類，只要二十分鐘就能做好鹹鮭魚和豬肉味噌湯。白飯煮到一半就能鋪上鮭魚蒸熟，而且魚味不會影響到白飯，非常神奇。我曾在吉野家打工過，那時我用隔水加熱的方式將早餐定食附的鮭魚煮熟。我大感驚訝，發現：「原來製作定食裡的鮭魚不一定要用煎的！」從那時起，我就不在家煎魚了。如果以鹹豬肉來做豬肉味噌湯，可以把水和食材一次通通放入鍋內，再以醬油調味就可以了。這天，我把切成半圓形的白蘿蔔、鹹豬肉和蒸熟的山藥都丟進鍋子裡。有時，我會放入小魚乾，有時候也不會放。平常我只喝現做的味噌湯，不過以這種做法製作的豬肉味噌湯，就算再次加熱也好吃。

六．某天的早餐

吃山藥泥麥飯時，我喜歡讓麥片的比例高一點。要不是讓麥片和白米等量，不然就是讓麥片多一點。煮飯時，水量和所需時間都和煮白米飯一樣。如果有剩餘的飯，可以淋上壽司醋，再加入豆類和蔬菜，做成沙拉。不過因為我非常喜歡山藥泥麥飯，因此大概都是一次吃光光。如果是銀杏的季節，可以放入一起烹煮更加分。

七．某天的晚餐

因為家裡正好有醬油醃長蔥（p.116），所以我買了鰆魚，準備做成韓式醬煮鰆魚。這道料理的做法和番茄醬煮鮭魚（p.145）一樣。用在醬煮鰆魚裡的白蘿蔔，一般是使用新鮮蘿蔔，不過如果用風乾蘿蔔皮，更會增添甜味。而我比較喜歡這種做法。調味只需要醬油，但是料理非常鮮甜。依照順序把洋蔥、泡水還原的白蘿蔔皮（連同湯汁）醬油醃長蔥（如果沒有就改用切碎的生薑、大蒜、長蔥和醬油）、辣椒粉、鰆魚放入鍋中。蓋上鍋蓋後，煮十五分鐘就完成了，鍋裡的水位盡量保持在五公釐左右。鰆魚不會浸在調味料理，而是放在蔬菜上燜蒸。因為不管是關東煮的白蘿蔔或是醬煮魚，我都比較喜歡讓食材和調味分開。料理魚時，大都是以燉煮處理，而蘿蔔乾吸了滿滿醬汁的醬煮魚就是我的最愛。

第3章 延長食物風味的家常料理

本書的食譜都是依照我的飲食習慣而寫成。比方說，食譜裡之所以會常常運用蒸穀物或蔬菜，是因為我總是用蒸籠蒸各式各樣的食材，用這些食材對我來說比較快速。如果你不常使用蒸籠，可以改以汆燙、炊煮（或是改用別種食材）等對你來說比較方便的方式。此外，不管你是因為家裡只有一個人，不想要每天吃一樣的料理、想要減少食材分量，或是想要一次多準備一些料理，因此增加食材分量也都可以。你不需要完全遵照食譜製作，調味和食材都可以隨喜好調整，做出適合自己的料理。

酸白菜乾舞菇水餃

若想好好品嘗酸白菜和舞菇的風味，享用時可以不沾任何醬料。手作的餃子皮延展性很好，包餡折起時可以一邊輕拉餃子皮，一邊將內餡塞入。

材料（6 顆份）

內餡

- 醃漬白菜（p.16 切碎）30g
- 乾舞菇（p.63 用手剝碎）2 朵
- 豬絞肉 30g
- 生薑（切碎）5g
- 醬油 1/2 小匙

· 高筋麵粉 4 大匙

作法

1. 高筋麵粉放入碗內，慢慢加入水（2 大匙），再以筷子攪拌。充分攪拌之後，以手指捏取成一團。將碗反扣，靜置 5 分鐘。
2. 將內餡材料放入另一只碗內，攪拌均勻。
3. 將 1 捏取成一團並靜置，重複 3 次之後，麵團就會變得光滑。
4. 把 3 分成六等分，揉成球狀。抹上高筋麵粉後，用手將麵團攤平。等到餃子皮約直徑 6 公分時，就可將內餡放入，再把餃子皮折起。
5. 以沸騰熱水煮 4 分鐘（餃子浮起之後再煮 1 分半）即可。

甘醋醃高麗菜拌米沙拉

這裡的分量對我來說是一人份，但也能讓二至三人一起分享，若沒吃完也能放至隔天繼續食用。家裡如果常備蒸熟的五穀米會很方便，不管是做成米沙拉、拌入白飯內食用，或加到紅豆湯裡都很好吃。只要加入醃漬物和酸酸甜甜的蔬菜或水果，就不用另外加入沙拉醬。假如想要增添酸味，建議使用新鮮的檸檬汁，而非瓶裝果汁，另外，檸檬皮裡的精油成分也會讓香味更加突出。

材料（2～3人份）

· 甘醋醃高麗菜（p.42 切碎）100g
· 蒸熟的五穀米 100g
· 綜合堅果（大致搗碎）3 大匙
· 水果或小番茄等酸甜果實（照片上為甘夏蜜柑，切成易入口的大小）50g
· 檸檬汁 1/4 顆
· 鹽巴 少許
· 橄欖油 依個人喜好加入少許

作法

將所有材料拌在一起即可。

紅蘿蔔乾香菇煎餃

這是一款不需要用到刀的餃子。如果有時間切菜，也可以用刀將生香菇和紅蘿蔔剁碎。有時，我會因為怕麻煩，不想煮飯或做小菜，只想以餃子解決一餐，所以冰箱裡常備著大片的餃子皮。只要解凍四片餃子皮（不想包太多餃子），再包入內餡就可以吃了。紅蘿蔔很容易磨碎（乾香菇會吸收紅蘿蔔的水分），乾香菇也可以輕鬆用手剝碎，只需要十分鐘就可以享用囉！

材料（4 大顆的分量）

內餡

- 紅蘿蔔（磨成泥）50g
- 乾香菇片（p.58 以手剝碎）3 片
- 絞肉（牛豬混合絞肉或牛絞肉）50g
- 鹽巴 1/4 小匙

- 餃子皮（大片） 4 片
- 油 適量
- 醬油醃長蔥（如右頁） 適量

作法

1. 將內餡的材料放入碗中充分攪拌，再以餃子皮包裹。
2. 平底鍋開火並倒油，將餃子放入鍋內，並倒入約 7 公釐深的熱水。蓋上鍋蓋，轉為大火，煎到水分全乾、餃子出現焦色為止。可以沾著醬油醃長蔥享用。

醬油醃長蔥

特別有做菜興致時，可以做一些醬油醃長蔥，非常適合拿來搭配調味簡單的水餃。醬油和肉桂的味道很合，牛肉和大蒜也很搭。

材料（容易料理的分量）

- 長蔥（切成碎末）50g
- 生薑（切成碎末）20g
- 醬油 3 大匙
- 肉桂粉 1/2 小匙

作法

將食材放入容器裡攪拌，再放入冰箱中。可以作為水餃或是拌麵的沾醬。

醃高麗菜燉蒸豆豬肉

蒸豆類和水本身缺乏調味，因此可以用來稀釋2%鹽分的醃漬物和燉煮豬肉。如果把豆類換成芋類，水換成生的高麗菜也可以。我常常一個人就唏哩呼嚕添了好幾碗，最後通通吃光光。

材料（1～2人份）

- 醃高麗菜（p.38 切碎）100g
- 蒸豆（菜豆等豆類）200g
- 燉煮豬肉（p.30 切片）50g
- 燉煮豬肉的湯汁 50ml

作法

將食材和50毫升的水放入鍋中，一起燉煮就可以了。

鹹豬肉鹽水醃漬拌麵

運用久醃鹹豬肉的一道料理。以甜味和辣味調味後，就搖身一變成為一道新的料理。盛在大碗白飯上也很好吃。

材料（1 人份）

- 鹹豬肉（p.51 切碎。建議使用醃漬一星期左右的豬肉）20g
- 醬油醃長蔥（p.116）2 小匙
- 砂糖 1 小匙
- 依個人喜好加入辣椒粉 適量
- 小黃瓜（切片）1/2 根
- 鹽水醃漬物（p.43 切碎）10g
- 挑選自己喜歡的乾麵 50g

作法

1. 鹹豬肉放入平底鍋，以小火逼出油脂。放入醬油醃長蔥和砂糖一起拌炒，再加入辣椒粉。
2. 以湯鍋煮麵，再用冷水沖涼。將麵和小黃瓜拌勻後，放入大碗中。以鹽水醃漬物和 1 作為配料，拌勻後即可享用。

鮭魚佐鹽水醃漬物炊飯

以一只土鍋，將煎鮭魚、白飯、醃漬物這三道料理同時完成。鮭魚和鹽水醃漬物都已經有鹹味，因此不加鹽巴也可以。

材料（1人份）

- 新卷鮭（甘鹽鮭魚也可以）1片
- 油炸豆腐（切成細絲）1/2片
- 鹽水醃漬物（p.43切碎）20g
- 生薑（切成細絲）10g
- 米 1杯

作法

1. 將米洗淨，泡水10分鐘。將水分瀝乾後，放入鍋中。加上180毫升的水後，蓋上鍋蓋，先以小火烹煮。等到沸騰、米粒稍微浮出水面後，再加入鮭魚和油炸豆腐絲。
2. 當聽到鍋底發出批哩批哩的聲音，或是聞到米飯香氣後，就可以關火，燜蒸5分鐘。加入鹽水醃漬物和生薑，再取出鮭魚骨並將魚肉打散，與其他食材攪拌均勻就可以享用了。

燉豆咖哩

不用炒洋蔥，番茄也可以整顆放入，這道咖哩只要將食材陸續加入鍋子裡燉煮就可以了。優格醃豬肉本身就有鹹度，所以可以先試味道，如果不夠鹹再加鹽調味。這道料理有滿滿的豆類，因此不用淋到白飯上，直接享用就直接享用就會非常滿足又美味。

材料（1人份）

· 優格醃漬豬肉（p.54）100g
· 蒸豆（菜豆等豆類）100g
· 洋蔥（切成1cm方塊大小）1顆
· 番茄（取下蒂頭）2顆
· 孜然粉1小匙
· 薑黃粉2小匙
· 依個人喜好加入青辣椒（切碎）1根

作法

1. 將豬肉（連著醃醬）和100毫升的水加入鍋中並開火。等到肉塊變得軟爛再加水，持續煮到你喜歡的濃稠度。
2. 將豆類、洋蔥和蕃茄加入鍋中，等到番茄皮捲起，就能以手剝除。一邊將番茄搗爛，一邊燉煮15分鐘，接著再加入孜然粉和薑黃粉。試試味道，再加入鹽巴和蔬菜。最後加入青辣椒，就可以關火了。

煎鹹豬肉佐蒸蔬菜

將豬肉煎到香脆，香蕉縱切一半放入鍋中，旁邊空間拿來煎荷包蛋也是推薦做法。可以藉著豬肉的鹹味搭配蔬菜享用。

材料（依個人喜好分量）

- 鹹豬肉（p.51）依喜好分量
- 蒸蔬菜（高麗菜、紅蘿蔔、地瓜和山藥等）依喜好分量

作法

鹹豬肉切成 5 公釐厚度後放入平底鍋，以小火煎，直到逼出油脂。依個人喜好調整鍋煎程度，和蔬菜一起蒸熟也可以喔！

羊栖菜炒鹹豬肉

加入羊栖菜是為了吸收蔬菜中的水分，而且還能一起吸收鍋中鮮味。比起將羊栖菜燉煮物放在保鮮盒裡常備於冰箱，備好還原後的羊棲菜會更方便喔！

材料（1人份）

- 小松菜（切成3等份）1把
- 長羊栖菜（以充分水分還原）10g
- 鹹豬肉的油脂部位（p.51切碎）20g

作法

1. 將鹹豬肉的油脂部位放入中華炒鍋（如果家裡有）中，以小火煎到逼出油脂。
2. 放入小松菜梗，並開大火。等油充分包裹後，加入菜葉和羊栖菜，以大火炒到喜歡的熟度。不用調味就能直接享用。

風乾干貝佐鹹豬肉炊飯

把鹹豬肉鋪在鍋底可以讓肉煎出漂亮的顏色，不僅增添風味，豬肉的香氣也可以幫助你知道炊飯的熟度，不用特地計時。不過，如果要把鹹豬肉鋪在飯上當然也可以。這麼一來，白米更能吸收豬肉的鮮甜。春天摘採的魁蒿快速燙熟後加入鍋中，能立刻改變整體氛圍。如果有事先蒸熟的芋類，可以跟蔬菜一起放入鍋中，只要稍微加熱就可以了。

材料（1 人份）

- 風乾干貝（p.65）1 顆
- 鹹豬肉（p.51 切片）5 片
- 芋類（山藥或地瓜等）50g
- 蔬菜（小松菜或西洋菜等）20g
- 米 1 杯

作法

1. 洗米，泡水 10 分鐘。將米過篩，瀝乾水分。豬肉切成細長條，芋類切成丁，再以菜刀將風乾干貝切成細絲。
2. 豬肉鋪在鍋底，加入白米、芋類、風乾干貝和 180 毫升水，以小火烹煮。等到鹹豬肉散發香味，再把切成 3 公分長的蔬菜加入鍋中，關火後燜蒸。

乾櫛瓜炒鹹豬肉義大利麵

這道料理使用事先醃製的鹹豬肉，就算不另外調味，應該也有充分鹹味，用其他葉菜類取代乾櫛瓜也很好吃。乾櫛瓜不需要先用水還原，可以直接使用，很適合作為義大利麵的食材。記得不要用其他需要還原的食材取代喔！

材料（1 人份）

- 風乾櫛瓜（p.68）依個人喜好分量
- 鹹豬肉的油脂部位（p.51 切碎）20g
- 大蒜 1 瓣
- 義大利麵條 80g

作法

1. 將水和 1% 鹽巴放入鍋中煮，沸騰後將麵煮熟。
2. 鹹豬肉的油脂部位和大蒜放入平底鍋，以小火慢炒。等到油脂部位變得焦香，加入一瓢 1 的煮麵水，以大火煮至乳化。
3. 等到煮麵時間剩下最後 1 分鐘，把乾櫛瓜放入 1 裡一起烹煮。把麵條和櫛瓜一起放入 2 的平底鍋中拌炒。

風乾蘑菇佐核桃燉飯

蘑菇很快就能還原並散發鮮甜風味，因此不需要先泡水。煮燉飯時，不需要先洗米，也不用蓋上鍋蓋，等到鍋裡水分乾掉後再加水就可以了。洋蔥切碎後，接下來的步驟就很輕鬆，這都是風乾蘑菇的功勞。這類風乾物非常值得製作。

材料（1 人份）

- 乾蘑菇（p.62 切碎）2 朵
- 洋蔥（切成碎末）1/4 顆
- 米 50g
- 橄欖油 少許
- 鹽巴 適量
- 核桃（切碎）1 大匙

作法

1. 橄欖油和洋蔥放入平底鍋，開小火，將洋蔥炒到變成透明。加入白米，炒到米飯都被油包裹。
2. 放入 200 毫升水和風乾蘑菇，不要蓋上鍋蓋，以小火煮 10 分鐘，直到水氣全乾。
3. 將米飯煮到你喜歡的硬度後，把火開大，把剩餘的水分煮乾，並以鹽巴調味。盛盤後，撒上核桃。

風乾香菇與蔬菜煮物

紅蘿蔔和芋頭不一定要事先蒸熟，不過，如果可以先加熱一半的食材，製作起來會比較快速。蒸蔬菜很適合用在少量製作。剩餘的香菇昆布高湯可以作為湯品的基底，如果再加上日式醬油，也可以作為涼拌菜的醬汁。

材料（1人份）

- 風乾香菇（p.62）1朵
- 昆布 5cm 長 1片
- 根莖類蔬菜（牛蒡、蓮藕、白蘿蔔、蒸熟的紅蘿蔔 切成適口大小）每類3塊
- 蒸熟的芋頭 2小顆
- 日式醬油（p.165）3大匙

作法

1. 將風乾香菇和昆布以500毫升水泡一個晚上。
2. 把1的高湯倒入鍋中，深度約1公分。接著再依序放入牛蒡、蓮藕、白蘿蔔、昆布、切成一半的香菇、紅蘿蔔、芋頭，蓋上鍋蓋後，以小火煮10分鐘。淋上日式醬油後，燉煮5分鐘關火。

風乾白蘿蔔燉煮物

風乾白蘿蔔絲已經很鮮甜了，可以只加醬油就好，如果要用日式醬油調味也可以。煮過高湯的昆布通常會在製作燉煮豬肉時一起放入。白蘿蔔皮如果無法通通放入鹽水醃漬的容器裡，然後家裡又剛好有風乾白蘿蔔時，我就會做這道燉煮物。

材料（2人份）

- 煮過高湯的昆布（切成細絲）2片
- 風乾白蘿蔔（p.68）10cm寬 2片
- 紅蘿蔔（切成細絲）20g
- 炸油豆腐（切成細絲）1/2片
- 醬油 2小匙

作法

1. 以廚房剪刀將風乾白蘿蔔剪成細長絲狀，再以100毫升水浸泡20分鐘還原。把昆布放入鍋中，加入1公分深的水，燉煮15分鐘直到昆布變軟。
2. 把風乾白蘿蔔連著浸泡汁液一起加入鍋中，接著再放入紅蘿蔔、炸油豆腐絲，烹煮5分鐘。
3. 加入醬油後關火。

風乾蝦佐燉煮豬肉米粉湯

米粉可以直接將袋子打開，從水龍頭接水浸泡，非常方便。不管是倒入大碗中，或是掛在牆上泡十五分鐘，就會變軟。接著瀝乾水分，再把剩餘的米粉以曬衣夾封口，放入冰箱冷藏（大約可以放一星期）。只要家裡有這種簡單方便的主食和燉煮豬肉，一下子就能完成料理了。泡過水的米粉也可以加在拌炒料理中。

材料（1 人份）

- 風乾蝦（p.65 切碎）1 隻
- 燉煮豬肉（p.30 切片）少許
- 燉煮豬肉的湯汁 100ml
- 白蘿蔔（削皮後切成薄半圓型）4 片
- 芹菜（切成薄片）20g
- 米粉（事先泡水）依個人喜好分量

作法

1. 將 100 毫升水和燉煮豬肉的湯汁、風乾蝦放入鍋中，煮至沸騰，接著再放入白蘿蔔和芹菜。
2. 等到蔬菜煮熟，再加入燉煮豬肉和米粉，充分加熱後就完成了。

風乾蝦佐紅蘿蔔泰式涼拌菜

不管是加小番茄，或是加入檸檬香草或是魚露都很美味。多放一點洋蔥，或是多擠一些檸檬汁也可以。你可以依照當時享用的料理或是當下的心情，嘗試各式各樣的搭配方式喔！

材料（1人份）

- 醃漬紅蘿蔔與果乾（p.137）50g
- 洋蔥（切片後過水）50g
- 風乾蝦（p.65 切碎）1隻
- 新鮮青辣椒（切碎）1/2 根
- 花生（切碎）1 大匙

作法

將所有食材攪拌均勻即可。

醃漬紅蘿蔔與果乾

蔬菜和檸檬的水分可以讓果乾還原，剩下的就是依照個人喜好調整鹹度了。有了甜味、酸味和鹹味，不用沙拉醬就能完成調味。完成後可以在冰箱保存約兩週。

材料（取適當分量）

- 紅蘿蔔（切細絲）1 根
- 芒果乾（以廚房剪刀剪成細絲）3 片
- 檸檬汁 1/4 顆的量
- 壽司醋（p.164）1 大匙

作法

將所有食材攪拌均勻，放入保鮮盒內。

醃漬紅蘿蔔佐洋蔥沙拉

材料（依個人喜好分量）

- 醃漬紅蘿蔔與果乾（如上）依個人喜好分量
- 洋蔥（切片後過水）依個人喜好分量

作法

將所有食材攪拌均勻即可。

豬肉燉白蘿蔔

這鍋料理會讓你感受到，人只要有白蘿蔔和豬肉就可以活下來。我幾乎會把整支白蘿蔔都用在這鍋料理中。只要家裡有燉豬肉和燉豬肉的湯汁，就算沒有先決定好分量，也可以依照當下想要吃的量來製作，假如吃了覺得太鹹，只要再加入白蘿蔔或是水就可以了。如果你使用的是沒醃過的豬五花，可以先將豬肉切成五公釐左右的厚度，放入鍋中開小火，逼出油脂。等到油脂出來之後，以廚房紙巾擦拭乾淨，再放入水、白蘿蔔、鹽巴、生薑、花椒燉煮。如果你是以鹹豬肉製作，步驟和上述相同，但就不用再加鹽巴了。

材料（1～2人份）

- 白蘿蔔（削皮後切成薄半圓型）300g
- 燉豬肉（p.30 切片）100g
- 燉豬肉的湯汁 300ml
- 生薑（切片）5片
- 花椒 1小匙

作法

將所有材料和 200 毫升的水放入鍋中，燉煮即可。

水果佐白蘿蔔泥甘醋涼拌

甘醋醃漬白蘿蔔泥是將一百公克白蘿蔔泥的水分輕輕擰乾後，再加入一大匙壽司醋（p.164）而成。三天後再享用，食材的調味也非常融合（可以存放約一星期）。你也可以切少許的柚子皮、撒上純辣椒粉或胡椒，或是加入黑醋。

材料（2人份）

- 甘醋醃漬白蘿蔔泥（如上方作法）100g
- 水果（甘夏蜜柑、李子、柿子、洋梨等）100g

作法

將水果切成適口大小，再與白蘿蔔泥拌勻即可。

清冰箱蔬菜湯

根莖類通常都是家中常備菜（也可以說是因為根莖類能存放很久，所以一直在家裡），如果不想出門採購，就能運用這些食材。嘴饞的時候，我通常會用小碗盛一些來吃，因此會多煮一點。這些分量大概可以吃兩天。以素陶鍋烹煮，要吃的時候開火煮到沸騰就行。或許是因為素陶鍋不會燜出蒸氣，因此在常溫狀態中放兩天左右也沒關係。

材料（容易料理的分量）

- 鹹豬肉（p.51 切成 1cm 大小方塊）100g
- 蔬菜（洋蔥、紅蘿蔔、蓮藕、牛蒡、蒸過的菜豆等）加起來共 400g

作法

1. 除了豆類以外的蔬菜通通切成 1 公分大小方塊。鹹豬肉放入鍋中，開小火，逼出油脂。加入洋蔥後拌炒約 5 分鐘。
2. 加入剩餘的蔬菜、豆類和 400 毫升水，蓋上鍋蓋。沸騰之後轉為小火，燉煮 15 分鐘。

西班牙凍湯

剩餘的凍湯可以放入冰箱中，三天內喝完。小黃瓜的皮如果以鹽水醃漬處理，再放入玻璃瓶中保存，就可以充分利用不浪費。

材料（3 杯份）

· 醋醃洋蔥（如下）2 大匙
· 小黃瓜（削皮後大致切成段）1 根
· 番茄（大致切塊）2 顆
· 紅辣椒（大致切段）1/2 根
· 鹽巴 1 小匙
· 橄欖油 3 大匙

作法

將所有材料和 200 毫升水放入調理機中，充分攪拌即可。

醋醃洋蔥

完成後可以在常溫中保存約一週，如果放入冰箱，大約可以保存一個月。以醋醃漬的洋蔥就算加熱過後，口感也很好，可以搭配煎肉、煎魚，或是豆類沙拉享用。如果要用在燉煮物或是西班牙凍湯，因為調味已經大致完成，所以非常方便。常溫中放置五天左右後，假如出現泡沫，也是因為食材開始發酵，不必擔心。簡單來說就是稍微改變了料理方向，變成鹽水醃漬洋蔥了。選用紫色洋蔥製作，色澤會非常美麗喔！

材料（容易料理的分量）

· 洋蔥（切成 5mm 大小方塊）1 顆
· 醋 100ml
· 鹽巴 1 小匙
· 依個人喜好加入檸檬汁 1/4 顆

作法

將所有材料放入容器中，充分攪拌即可。

西西里燉菜

就算只有放鹽巴，也可以煮出蔬菜的甜味，冷掉了也很美味。假如家裡沒有番茄醬，也可以改用兩顆新鮮的番茄。因為凍湯裡有加了醋，可以在冰箱裡存放五天左右，我自己偶爾會直接放在鍋裡，常溫存放。如果要加入蒸熟的南瓜也可以喔！

材料（容易料理的分量）

- 醋醃洋蔥（p.143 連同湯汁）100g
- 番茄醬（p.27）200g
- 茄子（切成 1cm 大小方塊）2 根
- 紅辣椒（切成 1cm 大小方塊）1 根
- 櫛瓜（切成 1cm 大小方塊）1 根
- 鹽巴 1 小匙
- 橄欖油 2 大匙

作法

1. 橄欖油放入鍋中後開火，拌炒茄子。
2. 等到油均勻佈滿鍋中，將剩餘的食材全部倒入並蓋上鍋蓋，燉煮 5 分鐘。

番茄醬煮鮭魚

這是一道將新卷鮭以西式手法做成的料理。有了新卷鮭的鹹味和蔬菜的甜味，就算不另外調味也風味十足。你也可以依照個人喜好，加入小紅辣椒、菇類或是蒸過的豆類。

材料（1人份）

- 新卷鮭（甘鹽鮭魚也可以）1片
- 洋蔥（切成碎末）1/2顆
- 番茄醬（p.27）200g
- 大蒜（壓碎）1瓣
- 橄欖油 1大匙

作法

1. 將大蒜、洋蔥、橄欖油放入鍋中，開小火，炒至洋蔥變得透明。
2. 放入番茄醬和鮭魚，烹煮10分鐘。

紅蘿蔔芝麻涼拌

完成之後，也可以加入擦乾水分的豆腐，做成豆腐涼拌。只要有蒸熟的蔬菜和日式醬油，不管是做涼拌菜、芝麻涼拌或是豆腐涼拌都很簡單。如果以蒸地瓜和茼蒿拌花生也很好吃。為了這種時刻，家裡如果備有研磨缽就很方便。

材料（1人份）

- 蒸熟的紅蘿蔔（切成長條狀）1/2 根
- 日式醬油（p.165）1 小匙
- 黑芝麻 1大匙

作法

1. 黑芝麻放入研缽中研磨，再加入少許的水和日式醬油攪拌。
2. 加入紅蘿蔔拌勻。

白蘿蔔皮紅蘿蔔炒金平

如果只是一小口的炒金平，不需要花太多時間備料，因此只要在想吃的時候再做就行。因為我喜歡沒有沾染到油的醬油焦味，因此不會加油，不過你可以依照自己喜歡的方式製作，要加入芹菜或是土當歸也可以喔！如果牛蒡或蓮藕製作的話，我會比較喜歡以油拌炒，滋味會更好。

材料（1 人份）

- 白蘿蔔皮（切成細絲）10cm 寬度 1片
- 紅蘿蔔（切成細絲）20g
- 日式醬油（p.165）1 小匙
- 依個人喜好加入純辣椒粉 少許

作法

不用加油，直接在平底鍋裡放入蔬菜和日式醬油，以中火拌炒 3 分鐘。最後撒上純辣椒粉。

山藥、芋頭、地瓜紅豆湯

以紅豆湯的配料來說，我喜歡以芋類取代麻糬。要喝紅豆湯時，我會盡情在碗裡放入芋類。因此，如果家裡有蒸熟的豆類或芋類就很方便，就算已經冷掉了也很好吃。紅豆放入鍋中烹煮時，先不要放砂糖。其中一半的紅豆可以和優格醃肉一起作成咖哩，或是和內臟一起燉煮，作為小菜享用。

材料（1人份）

- 燉煮紅豆和紅豆湯 300g
- 砂糖 2大匙
- 蒸熟的菜豆 2大匙
- 蒸熟的芋類（山藥、芋頭、地瓜等） 依個人喜好

作法

1. 將燉煮過的紅豆和湯汁開火加熱，並加入砂糖。
2. 盛入碗中，並以蒸熟的菜豆或芋類點綴。

燉煮紅豆的方式

把滿滿的水和紅豆（不用先泡水）放入鍋中，開大火烹煮。等到沸騰5分鐘後，把湯汁倒出，再加入5倍的水和一片昆布，蓋上鍋蓋以小火烹煮。一個小時左右後，等到紅豆大致浮在水面上時，先試吃看看豆子，如果太硬了就繼續加水烹煮。烹煮當中，如果一邊攪拌紅豆，會讓紅豆受熱不均，因此千萬不要攪動。如果要確認豆子的硬度，挑選浮在上面的豆子就好。

醃漬長蔥

如果不想要太甜，可以用醋和鹽巴取代壽司醋。假如你喜歡吃甜的，歡迎盡情加入各式果乾。因為長蔥會出水，可以靠著果乾吸收水分。白味噌和水果很搭，因此你也可以加入洋梨、柿子等（依你喜歡的分量，丟進去就可以了）。要享用的時候，可以再加上柚子皮、黃芥末或芥末醬、山椒或葫蘆巴香料等辛香料。

材料（方便料理的分量）

- 長蔥 300g
- 壽司醋（p.164）2 大匙
- 白味噌 2 大匙
- 依個人喜好加入無花果乾（切成 4 等份）4 顆

作法

1. 長蔥切成 5 公分長，蒸至柔軟。
2. 把壽司醋和白味噌一起放入大碗中，攪拌至融化。趁著長蔥還沒冷掉，拌在一起。加入無花果乾後，放入容器裡保存。

味噌豬肉角煮

因為無法一次吃太多角煮，因此我通常一次就只煮一點。多半都是在做燉豬肉時，順便取出一些而已。味噌比醬油更容易包覆住豬肉，所以不需要刻意讓它入味。至於黑砂糖，比起一起烹煮，灑在角煮外側更能凸顯甜味，這樣做更能創造出自己喜歡的味道，而且不會用到太多糖。以我的經驗來說，避免將肥肉和砂糖一起長時間燉煮，這樣吃了比較不會胃脹氣，因此我採用這種料理方式。

材料（1人份）

- 燉豬肉（p.30）50g
- 味噌 1小匙
- 黑砂糖 1小匙或更多
- 生薑（切成細絲）依個人喜好

作法

將燉豬肉放入鍋中，加入約5公釐深度的水並開火。加入味噌，覆滿豬肉表面。盛盤後，撒上黑砂糖，並放上生薑絲。

魷魚鹽辛

雖然我不是挑食的人，也非常喜歡鹽辛，但是我並不喜歡市面上販售的商品，因此常常自己動手做。小時候，父親常說：「先盛半碗剛煮好熱呼呼的白飯，放入鹽辛，然後再盛入白飯，讓鹽辛變成半熟狀態，就會非常好吃啊！」我認為父親說得一點也沒錯。

材料（方便料理的分量）

・魷魚內臟和身體部位　1隻分量　　・鹽巴　1大匙

作法

1. 將魷魚腳從身體部位拔除，切下內臟，放入容器中。抹上鹽巴之後，在冰箱靜置一天。
2. 將身體部位切開，從頭部剝除魷魚皮。切成細長條，以方便入口。放入製作鹽辛的容器中，在冰箱冷藏。
3. 隔天，抓取內臟部位，放入2的容器中，用筷子攪拌均勻後就完成了。雖然可以直接食用，不過放五天左右會更好吃。

魷魚腳蔬菜炸天婦羅

炸天婦羅只要把麵粉和食材攪拌在一起就可以，不需要另外製作油炸外皮，非常方便。麵粉可以隨後再加入，要是水放太多或是粉放太少，隨時調整就可以了。

材料（1人份）

- 魷魚腳（切成2cm長）4根
- 長蔥的根部（切成4等份）3塊
- 紅蘿蔔（切成細絲）40g
- 鹽巴 少許
- 低筋麵粉 適量

作法

1. 將魷魚腳和蔬菜放入大碗中，加入鹽巴和低筋麵粉後攪拌均勻。慢慢加入水（大約2大匙），讓碗中食材黏著在一起。
2. 熱油，一次盛起約2大匙的麵團油炸。

魷魚燉白蘿蔔

不一定要放入蒸熟的芋頭，如果家裡正好沒有備料，只放白蘿蔔也可以。這是運用製作鹽辛的食材所做的料理，因此我通常只做一次能吃完的分量。

材料（1 人份）

- 魷魚的魚鰭和觸腕 1 隻分量
- 白蘿蔔（削皮後切成 2cm 厚的 1/4 圓形）50g
- 蒸熟的芋頭（可自由添加）2 顆
- 日式醬油（p.165）1 大匙

作法

1. 將白蘿蔔鋪入鍋中，加水至 5 公釐深左右後開火。沸騰後蓋上鍋蓋，以小火煮 5 分鐘。
2. 加入蒸熟的芋頭、魷魚和日式醬油，再煮 5 分鐘後關火。將鍋中食材攪拌均勻，靜置一下。

鮭魚拌酸奶油

這道料理和裸麥麵包很搭。取下的魚皮如果再繼續炙燒，會變得焦香可口。

材料（2 人份）

· 靠近新卷鮭魚尾的部位 2cm
· 酸奶油 100g
· 蒔蘿（切碎）1 隻

作法

1. 炙燒鮭魚，冷卻之後將魚皮和骨頭取下，打散魚肉。
2. 拌入酸奶油，將蒔蘿切碎後一起拌入。

鮭魚酒粕湯

魚尾部分骨頭多，拿來煮湯時，骨頭會釋出鮮甜風味，非常美味。你還可以隨個人喜好，放入蒸熟的芋頭、豆腐、牛蒡等食材。我通常不會把酒粕湯裡的昆布取出，而是隨著湯吃掉。對我來說，鹹豬肉和新卷鮭是類似的食材，因此豬肉味噌湯的煮法也和鮭魚酒粕湯相同。

材料（2 人份）

- 新卷鮭魚尾（切成適口大小）10cm
- 白蘿蔔（切成 5mm 厚度的 1/4 圓形）5cm
- 紅蘿蔔（切成 5mm 厚度的半圓形）1/2 根
- 長蔥（大致切成 1cm 長）1/4 根
- 炸油豆腐（切成細絲）1/2 片
- 昆布 5cm 長 1 片
- 酒粕 50g
- 味噌 約 1/2 大匙或更多

作法

1. 將 3 杯水和昆布放入鍋中，以文火煮。等到沸騰之後，放入鮭魚烹煮 5 分鐘。
2. 一邊將酒粕撥成碎塊，一邊放入鍋中。加入白蘿蔔和紅蘿蔔後，再烹煮 5 分鐘。等到酒粕溶解、蔬菜煮透之後，加入長蔥和油豆腐，最後以味噌調味。

鮭魚酒粕醃漬

不想吃太鹹的人，可以將鮭魚泡在五百毫升的1%鹽水中，靜置二小時，接著再進行醃漬。因為我喜歡鹹醃漬物，因此不會特地進行這個步驟，而是直接醃漬，小口小口吃掉。

材料（1人份）

- 新卷鮭（甘鹽鮭也可以）1片
- 味醂 1大匙
- 酒粕 1大匙

作法

將味醂和酒粕均勻攪拌，薄薄塗在鮭魚上，再放入保鮮袋中。在冰箱靜置一天（放到第五天會最好吃），以小火乾煎後即可享用。

醋拌冰頭

醋拌冰頭是我從朋友那裡學到的燉煮料理。因為我非常喜歡，因此買到新鮮鮭魚頭時，也會製作這道料理。只要有壓力鍋，連骨頭都可以熬得碎爛，整顆頭都可以吃光光。不管是趁熱吃，或是冷掉再吃都很美味。冷掉之後，魚頭膠質部分會變得Q彈。如果用一般的鍋子烹煮，則要先以加了醋的清水（不含在材料表中）大致燉煮，再放入白蘿蔔和砂糖，非常花時間。

材料（方便製作的分量）

- 新卷鮭魚頭 半個
- 白蘿蔔（大致磨碎）300g 或更多
- 水 2大匙
- 醋 2大匙
- 砂糖 1大匙

作法

1. 以熱水淋上新卷鮭，再以清水（不含在材料表中）洗淨表面。
2. 將所有食材放入壓力鍋，開火烹煮。加壓 10 分鐘後關火，靜置一旁。

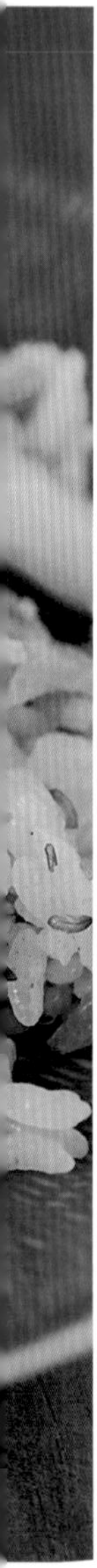

鮭魚散壽司

這是一道並非特殊慶典才能做、自己也可以輕鬆完成的散壽司。我通常會用前一天沒吃完的烤鮭魚來做。做成散壽司之後，就算沒吃完，也還可以再放一陣子，讓人放心。

材料（1人份）

- 打散後的新卷鮭魚肉（甘鹽鮭也可以）50g
- 小黃瓜（斜切薄片）1/2 根
- 青紫蘇（切碎）1 片
- 白飯 1 杯
- 壽司醋（p.164）1 大匙
- 炒蛋 1/2 顆份
- 鴨兒芹（切成 3cm 長）4 根
- 白芝麻 1 小匙

作法

1. 一邊將壽司醋淋在溫熱白飯上，一邊攪拌。拌入鮭魚、小黃瓜、青紫蘇後盛盤。
2. 放上炒蛋、鴨兒芹，最後撒上芝麻。

秘魯風味魚湯

這是以我在秘魯亞馬遜流域學到的鯰魚味噌湯「Bueten 魚湯」為範本所做的湯品。這道湯可以完整品嘗到像鯰魚這種河魚膠質豐厚的魚頭，也是一道不會出現在餐廳菜單裡的鄉土料理。先將魚頭以炭火慢慢煙燻並炙燒一小時左右，再花兩個小時燉煮，連骨頭都煮到軟爛。以像是芋類的大蕉替湯品增加濃稠度，吃起來的味道意外讓人熟悉。「像這樣將一整條魚通通吃光的習慣，在日本來說，就像是新卷鮭吧！」我想通這點之後，自己一試做，果然非常美味。順道一提，鰤魚下巴也可以做出類似的湯品喔！

材料（4 人份）

- 新卷鮭魚頭 半個
- 洋蔥（切成碎末）1 顆
- 大蕉（料理用香蕉）1 根
- 大蒜（切成碎末）1 瓣
- 薑黃（磨碎）1 塊
- 油 1 大匙
- 紅椒（切成碎末）1 顆
- 芫荽葉（大致切碎）1 株

作法

1. 慢慢將新卷鮭魚頭烤至焦脆。
2. 把油、大蒜、洋蔥、薑黃放入鍋中，以小火炒 10 分鐘左右。倒入 4 杯水和烤鮭魚頭，煮至骨頭融化（如果用壓力鍋大約煮 15 分鐘）。
3. 將大蕉磨碎加入鍋中，增加黏稠度。放入芫荽葉和紅椒後，即可關火。

常備調味料

壽司醋

壽司醋可以用在甘醋醃白蘿蔔泥、味噌醃漬物、散壽司中。因為是將各種可以長期存放的調味料混合在一起，就算放一年也可以。不過，如果你並沒有那麼常用到壽司醋，記得不要一次做太多。家裡只要常備著基礎的調味料就可以了。

材料（方便製作的分量）

- 米醋 200ml
- 鹽巴 40g
- 砂糖 100g

作法

將所有材料放入保存容器中，攪拌均勻即可。

日式醬油（3倍濃縮）

不管是燉煮物、芝麻涼拌、炒金平或是蕎麥麵都可以使用。你可以依照個人喜好調整味醂的分量，如果想要放乾香菇也可以。泡水還原後的厚削柴魚片適合一邊站在廚房，一邊配著日本酒吃掉。煮過的昆布則可以用來燉煮蘿蔔乾。

材料（方便製作的分量）

- 味醂 150ml
- 醬油 200ml
- 柴魚片（厚削） 20g
- 昆布 10cm 長 1片

作法

1. 將所有食材放入鍋中，靜置一晚。
2. 以文火煮 20 分鐘左右。等到大致放涼後，以篩子過濾，放入容器中。

按田優子

一九七六年生於東京。大學畢業後從事烘焙業，經歷過工廠幹部、咖啡店長等職務後獨立開業。二〇一一年日本大地震後，她切斷冰箱電源。同年八月，推出《不需要冰箱的食譜》。二〇一二年四月，與攝影師鈴木陽介共同創立「按田餃子」。從該年起，她以食品加工專家的身分時常造訪秘魯亞馬遜河流域。二〇一八年十一月，按田餃子在二子玉川開設 2 號店。食譜與隨筆散見於雜誌媒體。近期著有《不需要冰箱的食譜》（たすかる料理）。

STAFF

設計｜三木俊一（文京圖案室）

攝影｜佐藤克秋

插畫｜花松あゆみ

校對｜安久都淳子

DTP 製作｜天龍社

編輯｜広谷綾子

生活樹　生活樹系列 091

醃漬╳風乾

40 款延長食物風味的天然保存法

漬ける、干す、蒸すで上手に使いきる　食べつなぐレシピ

作　　者　按田優子
譯　　者　顏理謙
總 編 輯　何玉美
主　　編　紀欣怡
責任編輯　謝宥融
封面設計　楊雅屏
版型設計　葉若蒂
內文排版　許貴華

出版發行　采實文化事業股份有限公司
行銷企畫　陳佩宜・黃于庭・蔡雨庭・陳豫萱・黃安汝
業務發行　張世明・林坤蓉・林踏欣・王貞玉・張惠屏・吳冠瑩
國際版權　王俐雯・林冠妤
印務採購　曾玉霞
會計行政　王雅蕙・李韶婉・簡佩鈺
法律顧問　第一國際法律事務所　余淑杏律師
電子信箱　acme@acmebook.com.tw
采實官網　www.acmebook.com.tw
采實臉書　http://www.facebook.com/acmebook01

I S B N　978-986-507-539-2
定　　價　350 元
初版一刷　2021 年 11 月
劃撥帳號　50148859
劃撥戶名　采實文化事業股份有限公司
10457 台北市中山區南京東路二段 95 號 9 樓
電話：(02) 2511-9798　傳真：(02) 2571-3298

國家圖書館出版品預行編目資料

醃漬 X 風乾 : 40 款延長食物風味的天然保存法 / 按田優子著 ; 顏理謙譯 . -- 初版 . -- 臺北市 : 采實文化事業股份有限公司 , 2021.11

176 面 ; 14.8×21 公分 . -- (生活樹系列 ; 91)

譯自 : 漬ける、干す、蒸すで上手に使いきる : 食べつなぐレシピ

ISBN 978-986-507-539-2(平裝)

1. 食譜 2. 食物鹽漬 3. 食物乾藏 4. 食品保存

427.7　　110014720

采實出版集團
ACME PUBLISHING GROUP